U0568805

曹 Sir 投资智慧跨时代遗泽后世

《信报》首席顾问兼资深投资分析家曹仁超（原名曹志明），2016 年 2 月 21 日离开了我们，享年 68 岁。

人称曹 Sir 的曹仁超为《信报》服务超过 40 年，最为人知是自 1973 年起撰写《投资者日记》专栏，吸引政商界人士及广大读者每日追看，开启了几代香港人的投资知识，更为他赢得“民间股神”称誉。

在 20 世纪 70 年代的香港，投资讯息和理财知识尚未普及，曹 Sir 从专业投资者角度出发，以切合大众口味的风格下笔，为读者介绍投资心法，既幽默又易明，“有智慧不如趁势”“止损不止赢”等蕴含哲理的金句广为流传，令读者获益良多。可以说，在香港发展为国际金融中心的历程中，曹 Sir 作为“大众投资启蒙者”之一，有着独特的角色和贡献。

为了让更多人分享曹仁超的智慧，中国人民大学出版社和香港信报出版社特地把曹 Sir 近年的力作“创富三部曲”《论势》《论战》和《论性》重新制作成精装纪念版，缅怀这位和蔼、风趣、睿智的老朋友。这次再版的所有收益在扣除必要成本后，将全数捐赠北京农家女实用技能培训学校，让曹 Sir 的遗泽继续发扬光大。

曹仁超 著

中国人民大学出版社
· 北京 ·

序一

“远距离”仍能带来真实的足够，
“近距离”仍可领略跨度的深厚，
这是曹先生呈现给我的感受。
虽然“英雄莫问出处”，但他说
创富有着特定的模式和道行。

曹先生是一位用理念赚钱的学者，
用眼光判断赚钱的勇者，
用金钱赚钱的智者。
本书体现了一位“仁者”的胸襟和高度，
它对新一代女性的启迪和忠告更值得聆听和尊重！

刘央

西京投资（Atlantis Investment Management）主席

序二

曹仁超是香港中文财经媒体中最有价值的“财经发言人”——每天，他要关注及评论美国、英国、日本、中国香港等成熟市场的股市、汇市、债市及商品市场，30 多年如此。近十年，他又加入了中国内地、印度、巴西、越南等新兴市场的观测点。他的分析，资料充实、评论严谨，加之其深渊的国学功底，嬉笑间将投资秘籍与人性阴暗铺排于一炉，文火熬制，耐性老道。

这位对财富、投资、人情抱以平常心的财经大家，给全球中文读者带来了 30 余年的期待与欢颜。不论世道冷暖，曹仁超常说的一句话是：看清股市，不如看清自己。

郑小伶

《21 世纪经济报道》副主编

一切为了孩子

冰心题

曹仁超先生一直非常敬重冰心女士，特别喜欢冰心的名言："有了爱就有了一切。"多年来，曹先生实践冰心女士爱的哲学，不断把自己出书的稿费捐给北京农家女实用技能培训学校，资助贫困农村女孩学习劳动技能，从而改变她们一生的命运——而冰心女儿吴青女士正是学校创办人之一。

第一章

性格决定命运

我老曹有自知之明，明白个人的魅力有余，却一直不当老板。因为创立一家公司，除了需要有足够的财力之外，还必须具备领袖性格，加上背后有实质的知识、分析、信息和信念支持才可，所以我宁愿凭借投资致富。

性格决定一切。一个人拥有什么样的性格，就会遭遇什么样的命运。不论是成功的企业家还是成功的投资者，大部分都拥有许多共同的特征，例如他们性格谦逊、坚毅不屈、处事理性冷静，并且深谙“闷声发大财”的道理。在金融市场里，说话说得最响最亮的一位，可能内里最空无一物。否则，又何须以偏激的言论去吸引别人的眼球？

创富 C.S.I.

内地有句顺口溜说:“宁愿睡地板,也要当老板。”坦白说,我老曹在1975年正式加入《信报》任职资料室主任时,坐拥的身家并不比当年的老板少。有人问,既然我个人已有足够的财力创立一家公司,为何最终还是打工打了一辈子?这是个十分有趣的问题。

放眼各行各业的企业大老板,相较之下,我发现自己缺乏他们的character(性格)、substance(实质)及integrity(正直不阿);亦即本节主题所说的“创富C.S.I.”。

创立一间公司,除了需要有足够的财力和学历外,最重要的因素其实是性格。

严格来说,成功的企业家必须拥有“领袖性格”。何谓领袖性格?普通人平时做事慢悠悠的,一旦遇上危机险阻立刻变得手忙脚乱。大老板则恰恰相反,他们处理日常事务可能非常心急,但到了死人塌楼的时候,他们却气定神闲,从容不迫地“呆坐”于办公室里思考,深明急躁并不能解决问题。这就是大将风范。

而我不是拥有这样性格的人。譬如面对1973年12月的石油危机,本人便曾“临阵退缩”,没有坚持在股市里硬撑下去。1982年香港出现主权之争,本人一度打算移民加拿大;虽说最终因不忍太太在彼邦天天啃硬面包而放弃了移民计划，但我当时的确选择了做一个“逃兵”。

我没有领袖的性格，却有一定的charisma（魅力）。我老曹可以成为广受读者欢迎的专栏作家，开办研讨会随时可吸引上千名人士参加，在香港及内地出版著作都成为畅销财经书，却不能（亦不应）当老板。此乃自知之明。

坚毅不屈 等待光明

成功的企业家都有坚毅不屈的性格，即使在财政最困难的时刻，他们仍然会咬紧牙关挨下去。

举个例子，年逾八旬的石油大亨皮肯斯（T. Boone Pickens）今日富甲一方，估计拥有数百亿美元财富，2008年单是私人捐款已达2亿美元；但在事业刚开始的时候，他手持的资金其实并不多。

皮肯斯于大学时代主修地理，1951年大学毕业后，即加入石油公司Phillips工作。翌年他靠借来的2 500美元资本，找到人生

成功的企业家都有坚毅不屈的性格，即使在财政最困难的时刻，他们仍然会咬紧牙关挨下去。

真正不屈不挠的性格，背后必须有实质的知识、分析、信息及信念等支持，这就是我所说的 substance。只有充分了解情况后，才能认清方向，然后择善而固执。

中的第一口油井。到了 1981 年，他所创立的石油公司 Mesa 已是全球最大的私人石油公司。

1997 年 6 月，皮肯斯离开石油业，创立以自己名字命名的投资公司 BP Capital Management；又用朋友的 3 700 万美元资金开设天然气公司 Pickens Fuel，掀开其事业生涯的另一章。

皮肯斯认为石油业已经开到荼蘼，清洁环保的天然气是最好的替代能源。不过，当年天然气未成气候，仅仅一年时间他的公司已亏掉 2 400 万美元；到 1999 年 1 月更只剩下 270 万美元资金，但皮肯斯仍然坚持下去。

许多时候，最黑暗的时刻就是光明的开始。到了 2000 年，天然气市场重现曙光，皮肯斯旗下的天然气公司市值急速升至 2.52 亿美元，后来发展更是一帆风顺。不单美国电力公司用天然气来发电，连巴士公司亦开始采用这种新能源。

每一个成功者的背后，都有一万个失败者。成功与失败之间往往只有一线之差，皮肯斯在最困难的日子里愿意继续捱下去，造就他成为万中无一的成功者。2006 年开始，皮肯斯改为看好水资源项目，以其性格和眼光，估计这项投资未来亦可成功。

执著背后的实质支持

“黑暗尽头是光明”的道理人人会说，但谁能摸黑前行而不惊不怕?

“惊”与“怕”是不一样的。伏案工作时突然被人从后拍一拍肩头，难免会“惊”，但平生不做亏心事，有什么好怕的?

面对多次股市暴泻，本人早已司空见惯；在2007年10月金融海啸暴发之前，本人已深入分析市况，跌市早在意料之中。2007年至2008年的金融海啸，对于本人而言，其实并没什么好怕的，但2008年11月当真见上证指数跌至1 664点时，还是一样胆颤心惊，更何况是一般人?

在黑暗中前进，需要“死不认输”的性格，更需要一份执著、一份坚持。

20世纪70年代有人访问美国石油大王琼·保罗·吉蒂（Jean Paul Getty）有何成功秘诀? 他答道，30年代人人一窝蜂去寻找油井，但不少人掘了90米便以为地底无油，决定放弃；只有他坚持下去，终于在掘到100米深时发现石油，从此改变一生。

不过，“执著”与“固执”之间只是一线之差。

很多散户买入垃圾股，投资理由纯粹因为别人推介而买。遇上逆市只知抱着不放，自己明明对该公司情况不甚了解，却妄言要与之共存亡。死不服输的散户性格，在不应该执著的时候执著，例如在牛市三期时坚持不卖，反而于熊市三期将尽时才脚软撤退。这就是固执硬颈。跟那些打老婆的男人一样，半点内涵也没有。

真正不屈不挠的性格，背后必须有实质的知识、分析、信息及信念等支持，这就是我所说的substance。只有充分了解情况后，才能认清方向，然后择善而固执。

例如孙中山先生认定清朝政府腐败无能，早晚会被时代洪流淘汰。虽然第一次革命失败，但他继续尝试第二次，第二次失败再来第三次，总共经历了十次失败后，才迎来武昌起义的成功。假如他在第九次失败后便放弃，中国长达两千多年的君主专政制度不知道何时才能画上句号。

一生三次偷鸡机会

“时穷节乃见，一一垂丹青。”substance及integrity往往在最困难时候，才能表露无遗。

正直不阿，integrity，也可解作诚信。美国第一任总统华盛顿有句名言：“Honesty is the best policy.”（诚实为上上策。）因为早已建立了正直不阿的形象，所以华盛顿无论许下什么承诺，均获得国民信任，别人也不会质疑他。

解放黑奴的林肯总统亦曾说：“You can fool all the people some of the time, and some of the people all the time, but you cannot fool all the people all the time.”（你可以一时蒙骗所有人，也可以永远欺骗某些人，却不可以永远骗得过所有人。）

“偷鸡使诈”可以带来短期的好处，但经常使诈最终只会招致失败。譬如说，美国的次贷危机其实就是源于一众银行在使诈。明明知道次级贷款的客户素质较差，却硬将这些贷款证券化，包装美化成“高回报债券”推向市场，终于铸成大错，再演变为席卷全球的金融海啸。

我老曹认为，人一生只可以“偷鸡使诈”三次，平常日子还是脚踏实地好些。第一次，当然最好用来哄骗女朋友，跟她诉说将来如何如何，以虚欺实。

第二次则用于生死存亡之秋，如诸葛亮在无兵守城的重要关头设下空城计，打开城门，自己在城楼上弹琴唱曲，使谨慎多疑的司马懿生怕设有埋伏而犹豫不前。（见于《三国演义》第九十五回，未必真有其事。）若非孔明过去一直高风亮节，又如何骗得过司马懿？

最后一次，则用来哄骗老婆，且要欺骗她一生一世。方法是平日装聋扮哑，但眼睛雪亮。老婆唠唠叨叨么？听不到！老婆某些地方不合自己心意吗？不好说！可是眼睛却要雪亮，老婆是否待自己好，是否持家有道，一切看在眼里，记在心里。

大老板具无形力量

21 世纪对领袖才能的要求更高。成功的大老板不单须领导有方，同时还要有一股无形的力量，无须强权逼迫，也能推动每个员

21 世纪对领袖才能的要求更高。成功的大老板不单须领导有方，同时还要有一股无形的力量，无须强权逼迫，也能推动每个员工发挥“最好”的本领，营造“强将手下无弱兵”的局面。

致富并非只有创业一途。不具备领袖性格的常人如我，若能把握金融市场的起伏高低并顺势而为，依靠投资亦一样能白手兴家。

工发挥“最好”的本领，营造“强将手下无弱兵”的局面。

反之，一个不好的老板却会打击员工士气，尤其是“权力向上集中、责任向下发放”的中式管理。老板往往凌驾于公司制度之上，迟到早退者永远是老板，最不守制度者亦是老板；员工的升迁加薪，全凭老板个人的喜恶决定，与员工的劳动价值无关。

部分中国企业的领导者有多疑、监视下属、强调忠诚、口蜜腹剑的性格，就算让他遇上真正的人才，他也没法让人才发挥优点。公司里怨声载道，员工对他阳奉阴违。此乃中式管理的企业无法做大做强的主要原因。

部分企业老板本身是良好的领导人才，在他麾下公司业务曾经蒸蒸日上；可生意一旦交给子女接棒，公司立即变得死气沉沉。究其原因，不一定是第二代不济或读书少，而是他们欠缺父辈那股无形力量。

从历史角度来看，三国时代的刘备可能是史上最成功的老板。论才华他不及孔明，论武功不及关公、张飞或赵子龙等，但他的性格中有一股无形力量，能让跟随他的人、比他懂得更多的人，都心甘命抵为他打江山，甚至为他而死。

任凭孔明聪明绝顶，君不见刘备死后，他便无法再统领三军了吗？反过来说，你有刘备的性格吗？如果没有，还是做打工仔好了。

正如我老曹个人魅力有余，却自知背后没有那股无形力量。我跟孔明、苏秦、张仪、刘伯温，以及张良等人一样，只适合当谋士，却绝对不宜做老板。

和尚未必晓念经

猎头公司为大企业找 CEO（行政总裁或首席执行官）时，最好找具备领袖性格的人，但这类人大多数都十分厚重寡言，欠缺个人魅力。没有眼光的老板，根本就不懂得欣赏，或是没有足够的说服力留住他们。

最典型的例子，莫过于香港恒基兆业地产（00012.HK）主席、人称“四叔”的李兆基先生。作为全球三大华人巨富之一，李兆基肯定有不少过人之处，对投资市场（尤其楼市）也肯定眼光独到，但看他公开谈市论股，却因缺乏演讲表述的技巧，而经常成为媒体“捉弄”的对象。

2007 年下半年，美国的次贷危机还未波及香港，港股其时仍牛气冲天，媒体见李兆基动用百亿港元买进中资股份，便捧他为“亚洲股神”“香港巴菲特”；到市况逆转向下，就细数他手上有什么股票被套牢，连累多少股民输钱，等等。

反之，富有 charisma 的人就算眼光和智慧都不及“四叔”，却往往会因为其谈吐不凡而被误会具备领袖才能。譬如说，演艺名人刘德华虽然魅力四射，但他绝非 authentic leader（真正的领袖）。十多年前，刘德华曾自组天幕电影公司，最终却亏损甚巨。作为演员，刘德华的表现一流；作为电影公司老板，却是另外一回事。

过去我老曹亦不知多少次被其他大公司的老板挖角，劝诱拉拢我到其公司工作。幸好本人有自知之明，明白个人拥有的只是魅力，而非管理之才。

不过，致富并非只有创业一途。不具备领袖性格的常人如我，若能把握金融市场的起伏高低并顺势而为，依靠投资亦一样能白手兴家。

剖析曹仁超

我老曹虽然不是当大老板的好材料，却具备成功投资者所应有的性格特征，包括低调谦逊、充满好奇心、思考独立、知所进退，并能时刻保持平常心。

英谚有云：“Empty vessels make the most sound.”(空桶响叮咚。)广东人也常说“无声狗才会咬死人”。而声气愈多的人，通常本事愈小、赚钱也愈少。

赚大钱的成功投资者，一般都是性格谦逊的人。他们通常过着略带点朴素的生活，例如比尔·盖茨和巴菲特最爱汉堡包和可乐，而不喜欢山珍海味。前者爱穿休闲便服和运动鞋等简单衣着，后者一直住 1958 年买入的老房子、开凯迪拉克 DTS 老车；两人都不打算把大部分财产留给子女，并合力打造全球最大的慈善基金会。

我老曹虽然不是当大老板的好材料，却具备成功投资者所应有的性格特征，包括低调谦逊、充满好奇心、思考独立、知所进退，并能时刻保持平常心。

成功的投资者，通常都有强烈的求知欲，永远都会对世界各国经济发展、金融市场走势、行业发展前景，以及投资对象有透彻的了解。他们在自己领域内学习，从书本上吸收知识，从别人成功的例子中学习秘诀，更从别人失败的例子中汲取教训。

成功的投资者不是特别喜欢低调，而是性格低调者往往较易成功。他们往往遵行“闷声发大财”的训导，甚少在公开场合大发伟论，因为“多说多错”。

读过《圣经》的人都知道，当日耶稣骑驴往耶路撒冷时被称作“以色列的君王”。众人把衣服和树枝铺在道上，拿着棕树枝热烈欢迎他进城。21 日后，同样的一群人却大叫“Crucify him! Crucify him!”（钉死他！钉死他！）是故不可活在别人的掌声之下，因为今天为你鼓掌者，下一刻便想将你钉死在十字架上。

在投资世界中，声音最响最亮的一位，内里可能空洞无物，因为只有输家才会言论偏激、性格鲁莽。

坦白说，本人若非身处传媒行业，也会选择不吱声。事实上，2003 年以前我几乎不在外界露面，其后因媒体生态改变，才不得不下海，撰写财经书，参演有关理财的舞台剧及举行投资讲座。这些活动的目的只是“制造声音”（make noise）而不是“赚钱”（make money），可以增加自己和《信报》的知名度，却对赚大钱一点帮助也没有。

永远求知 检讨失败

成功的投资者，通常都有强烈的求知欲，永远都会对世界各国经济发展、金融市场走势、行业发展前景，以及投资对象有透彻的了解。他们在自己领域内学习，从书本上吸收知识，从别人成功的例子中学习秘诀，更从别人失败的例子中汲取教训。

只有成功的投资者才会研究市场涨跌的个中因由，然后预知其果；普通散户却只见开花结果，而不知辛勤耕种。

熟悉我老曹的读者都知道，本人天天阅读数十篇外国的文章，广阅中外投资书籍，然后加以思考，希望从中找到未来的投资大方向。跟别人不同的是，我对自己的失败也充满好奇心，并会尽力检讨犯错的原因。

1974 年我老曹下注和记企业（已除牌），犯下很多人都犯过的错误。第一，我错在用过往业绩去分析未来。1973 年以前的和记企业的确是间非常出色的公司，当初我老曹将和记过去五年的年报翻完又翻，才决定由每股 7 港元开始买进，愈买愈跌，一直买至 2 港元，累积购入 10 万股，用光手上的 50 万港元资金；最后和记的股价竟跌至 1 港元。

1975 年，和记宣布旗下的子公司 Alltrack 于印度尼西亚经营出租卡特彼勒（Caterpillar）建筑用机械业务，劲蚀 3 000 万美元，须汇丰注资 1.5 亿港元挽救，才可生存下去。

Alltrack 是和记旗下 300 多间子公司之一，此公司的资产负债表并未刊于年报之中。投资者事前根本想不到一间小小的子公司，竟可拖垮整个集团。一粒老鼠屎已可将一煲靓汤完全毁掉。自此之后，我老曹便不再信奉价值投资法，转而改信趋势。

第二，我错在一直以其每年每股派息 0.35 港元来计算和记的股息率。若我于 7 港元购入，即股息率为 5%；3.5 港元买进，则股息率达 10%，但是我却忘记公司是可以不派息的。

最重要的一点，是我在和记身上学会 nothing is too big to fail（没有什么因为太大就不会失败）。如今连房利美（Fannie Mac，美国联邦国民抵押贷款协会）、房地美（Freddie Mac，美国联邦住房贷款抵押公司）都可以被托管，还有什么是 too big to fail？

寻根究底 可避灾难

许多人一生所赚，往往被一次金融灾难所毁。身型轻巧的人跌倒了，只须拍拍身上的尘土，便可重新站起来。反之，身型如我老曹一样臃肿的人，跌倒后爬起来就困难多了。因此年纪愈大愈要小心。

幸好本人在 1974 年已跌倒过。虽然很痛，但仍能爬起来。其后每次金融灾难，我老曹都能避过，到底是否幸运使然？一般人在经历过金融风暴后，通常会变得胆小或不想面对，我老曹的性格却有点不怕死，同时喜欢寻根究底。

“灾难”的英文是 disaster，来自拉丁文“dis”及“astro”，即违反自然的事。简单点说，就是任何违反自然的事物，都可以演变成灾难。

例如 1912 年 4 月泰坦尼克号沉没，是因为船长史密斯不明白钢铁在接近冰点温度时，可以变得非常脆弱，甚至碎成一片片；也不知道冰块擦过船边时，原来可造成无数小孔。由于不相信灾难会发生，巨轮撞到冰山后，船长竟然下令继续前进，至翌日问题严重到不可收拾时才决定弃船，可惜为时已晚。

放诸投资市场亦然。如果投资者稍具危机感，明白灾难的成因，要逃避一劫其实不难。例如 2000 年 3 月科网股股灾，就是市场由 1998 年底至 2000 年初疯狂炒卖科网股而埋下暴跌的种子。

刚过去的金融海啸，早在 2007 年 3 月 Countrywide 公司宣布破产时就已发出警告讯号，但美国联邦储备委员会主席伯南克下令经济巨轮继续前进。2007 年 8 月，BNP 百利达旗下两只基金在 CDO（抵押债务证券）投资上出事叫停，人们仍认为是小事一宗；到 2008 年 10 月雷曼兄弟公司宣布破产，情况一发不可收拾，人们才如梦初醒。可惜一切已经太迟。

知之为知之，不知为不知。同样道理，对于认识不深的投资工具或产品，我们大可选择不闻不问不参与。

金融衍生产品虽然在中国市场暂不普遍，但随着认股权证、股指期货等工具的逐步引进，相信未来金融衍生产品亦会愈来愈

一般所谓的“专家”，其实跟你我一样都是常人。他们只有分析能力，而无预测能力。我老曹无意贬低他人，皆因本人亦出身于证券业，深知自己并无预测能力。我只是想强调在投资领域里“求人不如求己”的道理。

每个人都系经一事长一智，必须从失败中获得教训。投资上犯小错无妨，人谁无错？犯大错则可免则免。做错一次是应该的，错两次是不应该的，错三次就是笨得没救了。

多元化。是故永远要记住，投资一旦有承诺（commitment），无论结果好坏，自己都要承担所有责任。

独立思考 相信自己

今日社会信息爆炸，获得信息的成本十分便宜。投资者只消打开报章、开启收音机、看电视或上网，已可获得大量信息。别人的意见和分析方法，虽然可以听亦可以学，但成功的投资者必须养成独立思考的习惯。

投资者应该只信自己，不要信别人。在金融市场里，既无先知亦无专家（不论是外国专家还是土产专家），只有输家和赢家。

一般所谓的“专家”，其实跟你我一样都是常人。他们只有分析能力，而无预测能力。我老曹无意贬低他人，皆因本人亦出身于证券业，深知自己并无预测能力。我只是想强调在投资领域里“求人不如求己”的道理。

2007 年 10 月以前，股票分析员个个都有点股成金的本领，证券公司一旦推介什么股份，该类股份便立即升至不清不楚。那时候 83% 的“专家”都认为股市仍是稳定续牛，说什么上证指数“8 000 点不是梦”，说什么“海外股市疾风骤雨，内地 A 股特立独行”，而不知大限将至；那时候，人人都说 2008 年 8 月北京将举办奥运会，股市不可能在 2008 年 8 月前塌下来，甚至激情高唱《死了都不卖》。

那时候，香港媒体也在吹捧“港股直通车”，认为内地资金将涌进港股，说港股市盈率应向沪深 A 股看齐（当年 A 股的市盈率超过 60 倍）……

只不过一年光景，不少分析员已重新执位（由甲证券公司转职至乙证券公司）或患上严重的失忆症，忘记自己一年前说过什么。2008 年 10 月，他们轻声低吟“问君能有几多愁，恰似股民买了中石油”，又改说沪深 A 股受“大小非解禁”（限售非流通股解禁）影响，声称上市公司增发股份是制造“股市血案”的罪魁祸首……而不知下一个 A 股牛市正在酝酿中。

“专家”们只会随着形势改变而不断修正自己的看法，以求在变幻莫测的股市中生存，却很少会公开承认自己在过去曾错看市场，更遑论因而改过。阁下若看不清真相，以为他们厉害无比而行差踏错，便只能怪自己太傻！

真正懂得赚钱之道者，不会轻易教人。故听从什么专家或分析员意见、阅读什么发达秘籍，实在没有多大意义。坊间教人致富的书籍，例如那些指导散户如何赚取一亿元者，作者本人赚到一亿元没有？那些指导散户从 A 股套利、短线掘金者，自己战胜了股市没有？能够赚取亿万元财富的人，写书兴趣必大减；已退休者则另作别论。

我老曹靠笔耕维生，数十年来俯首甘为孺子牛，默默为读者筹谋献策。若不是人在媒体江湖，我干嘛要教你发达？会写书教人发财之道的人，大部分作者自己都未发达。本人绝无兴趣教人发达，伏案写稿数十年，只为完成自己作为《信报》董事的责任而已。同时自己也很快要退休，才不妨将自己的投资心得公之于世。

你想发达致富？还是要靠自己。

时刻提防捧杀

炒股票是世界上最难的赚钱方法。不信的话，大可问问一众投资顾问、证券经纪人、基金经理、股市分析员、经济学家及每天在电台、电视台及报章教人如何投资（其实是教人如何投机）的“专家”，问问他们自己的短线投机成绩如何？93%是最初赢少少，结果输多多！

Talk is cheap, profits are the only thing that counts.（光说没用，最重要是赚到钱。）

“股市专家”十之八九都是空口说大话（big mouth）。在投资市场内，说到天花乱坠也没用，最重要的是能否赚到钱，例如赚取100%以上的回报。牛市之中，人人都可以自夸为“股神”；但当熊市骤至，则大部分都变成牛鬼蛇神。

在股市摸爬滚打40多年的生涯里，我老曹在20世纪70年代亦曾被香港人封上“股神”的称号，亦一度被打成牛鬼蛇神。现在年纪渐大，更怕别人过分崇拜自己，更担心我说什么，他们便信什么。

2009年我因准确预测A股牛市重临，被内地不少媒体夸称为

"香港股神"，每每遇上这样的情况，本人便高唱"今天今天星闪闪……"（香港一首流行歌曲的歌词），立刻"闪人"走避，远离群众，提醒自己凡事泰然处之。今天向我欢呼的群众，明天便可能想钉死我，千万不可头脑发热。

本人的投资分析中，十次之中应该有六次看错。每次回顾过去，我老曹都认为自己可以做得更好。例如在1985年《中英联合声明》签署以后，我应该买多几个住宅单位，但当时担心自己财力上负担不来，白白放弃了大好机会；又或者在1997年应该在英国多买几间屋……

如果我老曹25岁的时候已经有今日的"智慧"，成就一定较现在大。但智慧哪可轻易获得？每个人都系经一事长一智，必须从失败中获得教训。投资上犯小错无妨，人谁无错？犯大错则可免则免。做错一次是应该的，错两次是不应该的，错三次就是笨得没救了。

今时今日赚钱已是本人的消闲兴趣之一，故对投资得失早已保持平常心。而且我是个知所进退的人，多年来遂可冷静理性地严守"止损不止赚"的投资策略，及早将亏本的投资卖出，把赚钱的股

今时今日赚钱已是本人的消闲兴趣之一，故对投资得失早已保持平常心。而且我是个知所进退的人，多年来遂可冷静理性地严守"止损不止赚"的投资策略，及早将亏本的投资卖出，把赚钱的股票留住。所以即使偶有错失，也问题不大。

票留住。所以即使偶有错失，也问题不大。

不过，我捱得起的风浪，阁下未必经得起，还是奉劝各位一句：切忌盲目跟风。

什么人什么命

我老曹常说性格决定命运。阁下是什么人，自然就有什么样的命途。

年轻时，我认识一个出身富贵家庭的朋友。这位仁兄在 20 世纪 60 年代毕业于英国剑桥大学法律系，1971 年已继承过亿港元的身家，居于香港半山豪宅，在中环坐拥一整幢写字楼作收租之用。此君是大律师，同时又是一间上市公司的主席，并且“十八般武艺样样皆精”，从骑马、射击、潜水、射箭到开小型飞机，上天下海无一不晓。

坦白说，当年我真的非常羡慕这位朋友拥有的一切。有时候他约我出外游玩，一顿饭便吃掉我整个月 1 500 港元的工资；出海潜水买一套潜水衣，又得花上 15 000 港元（接近本人一年的收入）；到马会观看赛事，一场赛事下注动辄花上数万港元，一天赌马的得失输赢，已超过我当时所有的财富。这位朋友更有一把真金打造的手枪，当年金价为每两 280 港元左右，那把手枪的造价高达 15 万港元。每发子弹价值 0.8 港元，每玩一天就没了 200 发子弹。

很快我就发现，自己的收入根本无法负担这种游戏人间的生活。以我当年的财力，跟这位朋友花钱的步伐比较，可以说是别人拿鸡出来请客，而自己连提供酱油也负担不起。慢慢地，彼此的友

健全的金钱观，应该既是花费者、建造者、给予者，同时亦是节俭者。所谓“少壮不努力，老大徒伤悲”，我老曹认为30岁之前最好不要富有，年轻时不妨做节俭者。

谊也就渐渐冷却下来。

1987年，“全球华人首富”李嘉诚旗下的长江实业（00001.HK）、和记黄埔（00013.HK）和港灯（00006.HK）及嘉宏（现已私有化）供股筹资百亿港元，这位朋友当年独力包销1亿港元的股份，怎知遇上股灾，一下子便蚀掉3 000万港元。

1989年，这位朋友决定卖掉香港的物业和生意，移居加拿大；1997年，他又变卖加拿大的资产回流香港，并投资香港的房地产及股票市场。到了1998年，他居然向本人借钱！

这位于1971年已拥有过亿港元财富的朋友，到1998年竟沦落至此，在不足30年之内散尽家财，变成一无所有，令人不胜唏嘘。

从投资的角度来看，他在选择买卖时机方面可谓完全错误。其实这也难怪，试想想，一个人如果每天只顾吃喝玩乐，如何看清世界大势的更迭？又怎能掌握市场高低起伏，从而做出正确的投资决定？

金钱DNA自我审查

我们对于金钱的态度，往往决定了我们成为哪类人。

花费者(spender)

他们宁可拥有实质的东西，也不要较抽象的银行存款。他们赚钱的目的就是为了消费，因为拥有最新款的玩具、手袋、珠宝、名车、名表，可让朋友羡慕不已。这是80%普通人的行为。

这种人不喜欢储蓄，但我仍然建议他们每月将收入的一成储起来，以备不时之需。

建造者(builder)

大部分企业家、公司大老板，以及集团大股东都是建造者。他们视金钱为工具，为理想而工作。他们赚钱的目的只求赚更多的钱，追求的是赚钱过程中的快感，所以他们会不断地投资，不停地累积财富，把事业放于人生第一位。

如阁下拥有这种性格，宜好好控制自己的野心，以免陷入周转不灵的困境之中，例如企业贷款应不超过股东资金的20%。因为他们往往低估建立企业所需的资金，过分承担风险，从而导致事业失败。

反过来说，如果这种人有足够的运气，加上独到的眼光和分析力，要逐渐成为小富甚至大富也不足为奇。

给予者（giver）

他们的快乐来自感受别人的快乐。给予者通常积极参加义工活动，乐于解囊捐款，自奉甚俭却购买昂贵礼品送人。事事处处为他人设想是他们性格的一部分；极端点儿的甚至会认为拥有太多金钱是罪过，这类人很难拥有太多的财富，却是乐善好施者。

不过，太早将金钱用于捐助，往往是自找麻烦，令自己的晚年生活拮据。给予者宜学习“先己及人”，首先弄好自己的财政状况及照顾家人所需，有余钱才可去帮助别人。

节俭者（saver）

大部分中国人都是节俭者，尤其是老一辈的人。对于此类人士，我老曹奉劝一句：人生苦短。只要不是入不敷出，好好享受一下金钱所带来的乐趣，属于完全正常的事。

年轻时，我那位富贵朋友是 big spender，我只是一个 saver；正值壮年的时候，他仍是 spender，而我则变为 builder。30 年过后谁较富有？ 40 年过后谁的生活无忧？是我还是他？

健全的金钱观，应该既是花费者、建造者、给予者，同时亦是节俭者。所谓“少壮不努力，老大徒伤悲”，我老曹认为 30 岁之前最好不要富有，年轻时不妨做节俭者。

壮年时岁应学习做建造者，就算自己不创业，亦可以投资上市公司的股份，等到 40 岁以后才逐渐富起来。只有如此，财富方能久享。

当事业或投资有成，财富达到某一水平的时候，才转做花费者，享受花钱消费之乐。50岁之后，如财力充实则晋身为给予者，大笔大笔地捐献，尽力反馈社会，才不枉此生。

财富态度决定财富人生

股市的盛衰循环，中国传统的阴阳学说早已告诉我们：盛极必衰，衰极必盛，循环不息。作为凡人，我们只能奉天承运，不能逆市而行。

所谓“奉天”，就是追随大自然，简化自己的生活，时常向上天感恩及祷告，常施恩惠，保持仁慈之心，不自我堕落，保持平常心对待事物。只有心静如水、无所畏、无所惧、无所求的投资者，才能享受投资带来的乐趣，获取大成大就。

至于“承运”，即顺势而行，不逆天意。多欣赏大自然的转变，而学晓自我调节，例如春天播种、夏天努力、秋天收割、冬天储藏。万万不可秋天播种、冬天努力，而期望春天有收成。

投资亦然，我们应随着经济周期的盛衰起伏，来制定自己的投资策略。譬如说2010年才投资中国一线城市的房地产市场，便犯

股市的盛衰循环，中国传统的阴阳学说早已告诉我们：盛极必衰，衰极必盛，循环不息。作为凡人，我们只能奉天承运，不能逆市而行。

了秋天播种的毛病，任凭阁下冬天如何努力，春天都不会有收成。

在这个盛衰循环里面，投资者要时刻保持平常心，并非易事。很多人嘴巴说“财富只是数字游戏”，但阁下真能将之视作数字吗？2007 年股市畅旺的时候，从北京、上海、重庆、武汉、东莞到深圳，哪里都有民间股神；从 80 后的美少女到 70 多岁的退休老翁，人人都是民间股神，但哪个能时刻保持平常心？2007 年哪个不是被胜利冲昏了头脑？2008 年身处幽谷，哪个不是苦口苦脸，沮丧至死？

投资到底所为何事？一般人以为，股市是赚钱的地方。唯心理学家认为，一个人投资与否，真正的理由其实甚为复杂，背后往往受某些理由驱动。

有些人为追求物质享受而投资，他们认为愈有钱便愈快乐，会更被别人重视、感觉更安全。但事实证明，一间大屋、一辆名车、大堆名贵珠宝只能提供短暂的快乐。拥有过之后，很快便又会感到沉闷，然后继续去追求更大的屋、更高档的车、更名贵的珠宝，最后迷失自己。

人生中最有价值的东西，往往非金钱能买的，例如子女对自己的尊重、家人的关怀，以及自由自在的感觉等等。

有些人则因恐惧而投资，尤其一些来自要求严格家庭者。由于父母希望他们出人头地，令他们经常患得患失，希望透过投资成功来证明自己，一旦犯错便沮丧后悔。

拥有恐惧感的人多不能投资成功。他们在应该投资时犹豫不决，到股市狂升时却追货买入，结果损失惨重。人们如不解放自己的思想，难有出色的投资表现。请 open your mind（开放你的思想）。

又有些人因怨恨而投资，例如年轻时被富家女友抛弃或因贫穷而被人看不起（包括本人），许多时候在投资上则往往会犯过分冒进的错误。例如 1970 年至 1974 年的我便是如此。

过去就让它过去，今天暴发又如何？富家女友不会因而回到自己的身边；至于过去曾小看自己的人，肯定早已忘记当年旧事。无法忘记、耿耿于怀的其实只有自己。

许多人都说我老曹是个大闷蛋，人生中唯一的兴趣就是赚钱，天天只知专注学习投资技巧、研究理财之道，却不知投资正是我发奋图强的正途。今天我已宽恕当初看不起我的人，力求以平常心面对凶险的投资市场。

上帝的记账员

除非拥有“胜不骄、败不馁”的性格，否则不易保持平常心。要养成这种性格，最好学习基督徒“我只是上帝的记账员”（bookkeeper）的心态，认为地上的财宝并不属于自己，而全属于上帝。

这种心态才能让我们不过分计较得失，这种心态才能让我们富而不骄，这种心态才能让我们乐于助人。

因为地上的财宝既然全属上帝，那么我在投资市场赢了又如何？输了也不会心痛，怪只怪上帝错聘了没有大能的记账员而已。反正财富不是自己的，一切自然能看开点。

如果阁下不信基督教而信佛，释迦牟尼也教人要施舍、看破红尘，将财富与穷人分享，道理殊途同归。信道教者，就当自己是黄大仙，向有需要的人提供援助。完全没有宗教信仰者，亦应明白“生不带来，死不带去”的道理。上无愧于天，下无愧于地，中间无愧于良心。只有觉得钱财不属于自己的人，才能从枷锁中解放出来。

古希腊哲学家亚里士多德曾经说过:“快乐属于那些知足的人。”华盛顿则认为，快乐取决于我们的性格，而非我们的处境，所谓知足常乐。有时我们真应该扪心自问，自己是否要求太多?又或者抱怨太多而感恩太少?

追求财富的目的就是为了追求快乐，热爱生命则是生活愉快的主要元素。人生的尽头并不在乎你一生中赚钱多少，而是整个过程中阁下是否活得精彩！

我们不可能天天都活得传奇精彩，但可以学习爱上生活，爱惜自己的身体、工作、家人、邻居，宽恕所有得罪自己的人，甚至欣赏人生中的苦难与不公，以及人生过程中的颠簸。咸、甜、酸、苦、辣都不妨试试，因为这就是人生。

了解自我
追求大富境界

现今媒体多喜报道年轻人的创业故事，却鲜作追踪报道，否则读者一定会发现失败结局多过成功故事。80 后、90 后年轻人在尚未弄清楚自己是否具有当大老板的领袖性格之前，便把爷爷奶奶、爸爸妈妈的退休金拿去做生意，盲目创业，然后于三年内蚀光，连累老人家要靠当门卫或是看车库来维生。

成功的大老板必须具备领袖的性格，为人坚毅不屈、刚正不阿，所有决定背后都有实质的因素支持。90% 的中国人都只能当小老板，而没有条件做大老板，成为企业家的更是寥寥可数。此乃中国民族性的缺点。我们这一代在吸收了西方文化后能否改变？

能够投资成功的人，肯定不怕辛苦、不怕沉闷，而且严守纪律，绝不任意妄为。大部分成功故事的背后，都是冗长而乏味的工作和努力。胜利者总是那些能够持之以恒，并且在学习及行动过程中得到乐趣及新经验的人。

我老曹一贯鼓励年轻人从小开始投资，从失败中获取教训，才能炼成成熟的投资性格。年轻人思维开放，求知欲强，只有逐渐培养成功的投资者性格，谦逊、充满好奇心、思考独立、知所进退，并能时刻保持平常心，才可能从投资小兵成长为投资元帅，

我老曹一向鼓励年轻人从小开始投资，从失败中获取教训，才能炼成成熟的投资性格。年轻人思维开放，求知欲强，只有逐渐培养成功的投资者性格，谦逊、充满好奇心、思考独立、知所进退，并能时刻保持平常心，才可能从投资小兵成长为投资元帅。

阁下如果连自己的性格都不了解，又如何迈向成功?

保持乐观 永不言败

成功人士还有许多共通点，包括接受生命中的艰难困苦，并且在面对挑战之时学会适应而非投诉或者怨天尤人。生活纵然是艰苦的，但我们应学晓在艰苦中寻找快乐。

成功人士永远保持乐观的态度，做事有明确的目标。他们相信好人占全人类总人口的99%，只要朝着自己的方向迈进，加上身边好友的协助，便可克服任何困难。就算跌倒，只要擦擦伤口即可爬起来继续前行，永不言败。

本人在一次由世界最大的服务机构狮子会举办的财富论坛上，曾听见其中一位讲者提到“成功者所以成功，是因为不怕失败！失败者所以失败，是因为失败后不再尝试！”事实也的确如此。

所有成功者在成功之前都尝过失败的滋味。成功者是那些在跌倒后再次爬起来，重新开始的人；失败者跌倒后，却从此坐地不起。怕失败的人永远不会成功，逃避失败即放弃成功的机会。（如因怕失败而变得胆小，自然无法成功。）

此外，他们还是行动者而非理论派。成功人士知道自己的强项和弱项，所以大家永远不会见到曹仁超唱歌。（因为读书时，我的音乐科成绩永远不合格。）大家也不会见我理论多多而从不付诸实践。（“说时无敌，做时无力”是大部分学者所犯的错误。）

能够投资成功的人，肯定不怕辛苦、不怕沉闷，而且严守纪律，绝不任意妄为。大部分成功故事的背后，都是冗长而乏味的工作和努力。胜利者总是那些能够持之以恒，并且在学习及行动过程中得到乐趣及新经验的人。

收入愈丰 生活愈简朴

正直、有纪律、社会关系良好又努力工作的人，通常较容易成功，而成功的人通常都同时拥有财富。性格反映在行为上，是故富有人家亦有不少共同的性格特征。

根据佐治亚州立大学（Georgia State University）的斯坦利博士（Thomas J. Stanley）的研究，美国 1 000 多名年收入达 100 万美元或以上者，共同的特征包括从不浪费金钱，但他们并非守财奴，只是应花得花。他们的衣柜内衣服不会堆积如山，而是数量合适，不多也不少。

富人大部分都拥有自住物业，并且早已还清所有的物业贷款。他们 97% 都是居住于自己于十多二十年前所购置的住宅单位内，而不是居于所谓的“梦幻豪宅”。

富人 90% 都是大学毕业，逾半更有大学以上的学历。他们在读书的年代，虽未必是班内最出色的学生，但也多属中游水平。他们的财富大部分靠自己双手创造。如比尔·盖茨、巴菲特、李嘉诚、李兆基等；只有小部分依靠父荫，然后继续发扬光大。

另外，大部分富人都不是工作狂。45% 热爱高尔夫球；93% 会将家庭放在人生的第一位；92% 已婚，获太太支持，并育有三个或以上子女（富人倾向于多生子女）。他们大多拥有稳定的家庭生活，离婚率较一般普通家庭低三分之一。难以置信吗？富人当中，经常离婚者其实只占 2%。但传媒每每大肆报道，才令一般人产生错觉。

富有不是罪

社会上很多人都有“憎人富贵厌人穷”的仇富心态。电视剧和报章新闻为讨好一般观众，总爱刻意丑化富豪，将之描写为财迷心窍、钩心斗角、玩弄女性、贪污使诈的人，并将其子女形容成滥用药物的迷失青年，又或是散尽家财的败家子女。

全球只有 2% 的人口懂得如何建立财富，其余 98% 的人口皆不善于理财，形成整个社会气氛对有钱人存有敌意。例如富人缴纳了最高的税率，但仍然经常成为政客的攻击目标。经济低迷时，损失最大的其实就是富人；人们却往往认为此时此刻，他们应当为社会负担更多、贡献更多。

富有不是罪，富人亦绝非邪恶核心。事实恰恰相反，典型的富贵人家逾半都有宗教信仰，虽说不一定十分虔诚，例如一个月才去教堂一次，但他们大多数热心公益事业，是最佳的捐款者。他们还比较长寿，平均能活到八九十岁，较一般人长命五至十年。

真实社会中有钱人的生活其实跟你我差不多，他们并非吃得特别奢侈，亦非穿得特别光鲜亮丽，只是生活十分有规律。诚然，如无健康的身体，又如何应付日常繁重的业务?

真正的大富翁已太习惯有钱，习惯到连自己都忘记自己是有钱人的地步，所以待人随和。只有新发财的“暴发户”，才会担心别人忘记他们有钱，遂处处表现出自己十分重要，甚至胡乱地对别人发脾气，以彰显他们与众不同。其实颐指气使、财大气粗的背后，正正反映其自信心不足。

不过，在中国人的社会里，千万不可以自夸富有。因为财富招人妒，故此财不可露眼。保持低调乃最佳策略。

永远记着，财富累积慢如蜗牛，失去却易如反掌。

第二章

金融行为源于人性

作为投资者，我们不但需要认清自身，更要了解人性。

金融市场是一个结集无数投资者行动的地方。我们都是人，都有人性的弱点，包括羊群效应、过度乐观、过分自信、讨厌亏损、注重眼前实利……凭借行为金融学的研究，我们知道自己非理性行为的根源，便能对症下药。

譬如说，学习违反人性而行（即所谓逆向思维），建立投资系统并严格遵守，投资者才有机会赢多输少；才能在别人恐慌时贪心，在别人贪心时恐慌；才能从人性的角度去评估前景，透视投资市场心理，找出股市的买入点及退出点。

羊群造就疯狂历史

性格决定命运，人性主宰金融市场的方向。

这个今日看似“老掉牙”的大道理，早年并不受市场重视。20世纪60年代，人们普遍相信由美国经济学家法玛（Eugene Fama）、萨缪尔森等学者提出的有效市场理论（efficient-market hypothesis，EMH）。

有效市场理论的背后，主要有三大假设：（1）市场上的投资者都是理性而且追求最大利润者，各自分析互不影响；（2）好坏消息随机而至；（3）市场价格立即反映最新情况。1970年法玛更进一步将市场分为三类，即强式有效市场（strong form efficient market）、次强式有效市场（semi-strong form efficient market）及弱式有效市场（weak form efficient market）。

所谓强式有效市场，即市场绝对开放、透明，价格可完全反映所有公开的、半公开的，甚至未公开的信息。由于市场实现了充分竞争，故市场价格的变动可反映资产的真正价值，没有人可以凭内幕消息而获利。长线来说，没有投资者可以鹤立鸡群。

在次强式有效市场，资产价格能迅速反映最新的信息，故无论运用基本分析还是技术分析，都不能为投资者带来额外的回报。至于弱式有效市场，开放透明度不足，但由于通过分析过往的公开信息无法预测资产的未来价格，故运用所有按历史数据和历史价格的投资策略，尤其是技术分析，长线亦无法跑赢大市。

根据我个人观察所得，世上没有一个市场能符合强式有效市场的要求，大部分市场仍停留在弱式有效市场水平，理由是企业估值理论仍未确立。

过往在工业经济社会，估值较易进行。例如只要掌握劳动力和原材料成本，再计及产能、产品售价和边际利润，便能算出一家工厂的每年利润，较易评估其实际价值。但当愈来愈多国家进入第三产业（服务业）时代，情况便愈趋复杂。例如知识产权价值如何计算、品牌价值多少、市场占有率价值如何计价等，令企业估值理论很难站稳脚跟，亦令所谓价值投资法的支持理据非常薄弱。

如果连企业估值亦没有核心标准，我们如何评估股份的价值？如何决定股份、货币、债券等资产价格是偏高还是偏低？又如何决定买入或卖出？迄今为止，学术界虽然多次颁授诺贝尔经济学奖予对估值理论有贡献的学者，但真正广受全球金融业界认同的估值理论仍未出现。

根据我个人观察所得，世上没有一个市场能符合强式有效市场的要求，大部分市场仍停留在弱式有效市场水平，理由是企业估值理论仍未确立。

是故我老曹一再强调，成功的投资者应将99%的感情移走。做人要有人情味，投资却最好“没人性”。独立思考本身就是违反人性的行为，但唯有如此，我们才有机会在股市高峰时卖出，在股市低谷时买进。

有效市场理论破产

有效市场理论的假设，经过数十年的实践，已经证明是错的。放眼全球，世界并无一个股市不曾出现疯狂的投机行为，市场价格可以是错的，太早看好看淡均是死罪。

以本人从事证券业40余年的经验来看，投资者一向都不是理性的。要不然，市场也不会经常出现诸多非理性行为，包括1987年10月股灾、1989年股市暴跌、1994年墨西哥金融危机、1997年8月亚洲金融风暴、2000年3月科网股泡沫爆破、2007年10月爆发的金融海啸……

经过金融海啸洗礼之后，投资者对有效市场理论及价值投资法的信心更是大为动摇。反之，混沌理论（chaos theory）及行为金融学（behavioral finance）却逐渐抬头并迅速发展起来。

混沌理论属于数学、物理学及哲学范畴，原用以解释决定系统中的随机结果，其后再获广泛应用至经济及金融范畴。经济体系正正就是一个混沌系统，经济发展由毫无秩序可言到井井有条，然后又变回没有秩序。

在混沌系统中，即使十分微小的初始变化，经过不断放大，亦会产生“蝴蝶效应”，对未来结果造成极大的差异。情况有如台风在一定客观条件下可能形成（亦可能不形成）风眼，然后愈吹愈烈，再带来巨大的破坏。例如在 2007 年 10 月至 2009 年 3 月的金融风暴中，有人损失惨重，亦有人从中获利。台风过后，一切又恢复正常。

另一个挑战传统的有效市场及理性预期的理论，就是新兴的行为金融学，即利用心理学的研究成果作为基础，以社会、认知及情绪因素去推算投资者的行为，并以此分析其对市场价格、资源分配和投资回报的影响。最常见的就是利用美国 VIX 指数去观察投资者乐观和悲观的情绪。

行为金融学者认为，客观的经济因素虽然重要，但决定性因素还是群众心理；犹如汽车质量虽然重要，但决定性因素还是驾车者的素质。股市既然是一个“非理性、自我驱动、自我膨胀”的泡沫，那么透过分析群众心理，然后做出相应的部署，往往可从中获取巨利。

“灭绝”人性 远离大队

以群众心理解释经济现象，其实古已有之。譬如亚当·斯密的《道德情操论》（*The Theory of Moral Sentiments*）便利用同情心去阐释正义、仁慈、克己等一切因道德情操而生的利他行为，包括慈善活动。

不过，一直到 1979 年卡尼曼（Daniel Kahneman）提出预期理论（prospect theory），行为金融学才得到长足发展。预期理论认为，在不同的风险条件下，人们的行为倾向是可以预测的。

通过认知心理学的实验对比，卡尼曼发现大多数投资者的行为均非理性，而并不总是回避风险。其后大批学者包括特维尔斯基（Amos Tversky）、塞勒（Richard Thaler）、拉宾（Matthew Rabin）等，均积极投身于这一崭新的学术领域，对传统经济学理论中“理性”的根本假设提出质疑，并引入心理学、社会学和认知科学的研究方法。及至 1994 年，行为金融学这门学科正式确立。

我老曹倾向于相信金融市场是一个无秩序及低效率的市场。市场一旦受到干扰，往往便无力真实地反映企业或资产的真正价值，十分容易形成偏高或偏低的局面。在无序的市场当中，投资者既然没有“核心理论”作标准，在进行投资与融资决策的时候，便很容易形成羊群心态。这就是行为金融学所说的“跟大队效应”（bandwagon effect）。

话说从前西方深受欢迎的马戏团，总有乐队花车大摇大摆地走在前面开路，以吸引观众入场。跟从群众，既是人性，也是资产价格抛离基本因素、形成泡沫的最大原因。从 1637 年的郁金香狂热、1720 年英国的南海公司和法国的密西西比公司泡沫，到 2007 年 10 月以前人人看好金融股，引发泡沫的原因都是伴随恐惧与贪婪的羊群心态。

牛市的时候，股市愈升，投资者愈乐观；买进的人愈多，人们愈是蜂拥入市，直至股市涨到让人不敢相信的程度。反之，一旦熊市来临，投资者便愈来愈悲观，继而纷纷卖掉手上的股份，也让股市跌至不能想象的低谷。

天变地变人心不变。人性的本能由洪荒时代开始建立，经过百万年前的进化，已潜藏于人类的遗传基因里。要改变人性，并非一朝一夕的事。一再重复的历史教训，并未能让投资者变得理性起来。投资市场已存在数百年，数百年过去了，人性根本没进步过，市场永远过度反应（overreaction）。

是故我老曹一再强调，成功的投资者应将 99% 的感情移走。做人要有人情味，投资却最好“没人性”。独立思考本身就是违反人性的行为，但唯有如此，我们才有机会在股市高峰时卖出，在股市低谷时买进。

规避亏损 勇于认错

投资者盲目从众，主要是因为害怕亏损、讨厌亏损（loss aversion）。卡尼曼认为，投资者失去 100 元所受的打击，要比他赚得 100 元所获的满足感大得多。投资者并非从财富的角度去思考问题，而只关心输赢结果。他们宁愿少赚不赚，也不能接受亏损。

举个例子，如果现在有两个投资方案摆在我们面前：方案甲 100% 肯定可以赚得 100 元，方案乙则有 50% 的机会赚得 200 元，但输了就一无所得。在这种情况下，大部分投资者都会选择方案甲。

如果现在有另外两个投资方案摆在我们面前：方案丙 100% 会

在确定的盈利与不确定的盈利之间，投资者偏爱确定的；但在确定的亏损与不确定的亏损之间，投资者则偏爱不确定的。为什么人们特别讨厌亏损？ 因为亏损一旦出现，就证明了自己的看法和决定是错的。

亏损 100 元，方案丁则有 50% 的可能会蚀掉 200 元，但赢了就不失一分一毫。在这种情况下，大部分投资者却会选择方案丁。

在确定的盈利与不确定的盈利之间，投资者偏爱确定的；但在确定的亏损与不确定的亏损之间，投资者则偏爱不确定的。为什么人们特别讨厌亏损？ 因为亏损一旦出现，就证明自己的看法和决定是错的。

投资者十分害怕亏损出现，所以“犹豫不决，决而不行”，迟迟不敢下投资决定，结果眼看着赚钱机会从自己身边溜走。他们拒绝承认错误，所以遇上股价大跌时也不肯止蚀离场，反而自我安慰说打算长期持有，妄想所有股份一定都有翻身之日。

幸好，我老曹素来独断独行，并不在意别人对我的看法。这样的性格，让我不怕独立思考，不惧与众不同，逆市而行；这样的性格，也让我勇于面对自己的错误，甚至会锲而不舍地追寻失败的原因。

可是，对于大部分人来说，“跟大队”是人性，也是趋势形成的原因。我们若能克服这种人性的弱点，然后冷静、理性地分析市场成交量，研究大型证券行及投资大户的股票买卖活动，观察市场反应和投资者行为，便能把握买卖时机。在趋势形成之初加入，在趋势完结之后，即英谚所云“dance till the music stops”(闻歌起舞，直至音乐停止)，便要及时抽身离场。如果阁下仍然坚信有效市场理论或价值投资法，追不上时代发展，恐怕最终会被市场淘汰。

感情
战胜理智

在第一章中，我老曹夸说自己具备成功投资者的某些性格特质，但世上没有人是完美的，其实我也有大部分失败投资者的个性。问题只在于一般人有没有认清自己的缺点，并且克服相应的投资盲点。

我老曹拥有典型的天蝎座性格，为人爱憎分明，年轻时更是大情大性、追求浪漫、感情用事、做事毫无计划，好胜心又强。在经历了 20 世纪 70 年代初接连两次重挫以后，我方明白，只有运用系统性的投资策略，严守追随趋势、止损不止赚、加涨不加跌、不猜顶、不抄底等纪律，才能战胜自己的本性。

感情用事，是许多投资者的通病。投资者往往倾向于出售股价上升中的股份，而保留股价下跌中的股份；太早获利套现，迟迟不肯面对现实，止损自保。行为金融学者称这种心理为“处分效应”(disposition effect)。他们逃避市场惩罚，究其原因，还是源于上文所说的“讨厌亏损”的心理。他们对亏损连想都不愿想，更遑论要自己执行刑罚。

投资者感情用事而不作理性分析，亦见于人们敝帚自珍的心理，即所谓的“禀赋效应”(endowment effect)。在一个心理学实验中，人们赋予一只自己拥有的咖啡杯的价格，往往高于别人拥有的咖啡杯的价格。

换言之，我们通常都会高估自己所拥有东西的价值。例如同一所房子，自己拥有的就是风水好，别人拥有的则平淡无奇；自己所收藏的古董特别值钱；自己手上的股票，真正的价值必然高于市价，只是别人不识货。

若有如此的偏见，又如何看清形势？

偏见蒙蔽事实

一般的投资者下决定时，往往过分依赖最初接收的信息或熟悉（被多次重提）的信息，然后一锤定音。行为金融学者称之为“锚定偏见”（anchoring bias）。

卡尼曼和特维尔斯基曾进行过一个心理学实验，向参与实验的人士询问美国到底有多少非洲人。他们发现，如果他们问“是多于还是少于 45%”，人们估计的百分比会相对较低；反之，如果他们问“是多于还是少于 65%”，人们估计的数字则会相对较高。理由是问题本身已影响了一般人的想法。

同样道理，在金融市场上，投资者多以手上已知的数据去制定策略，然后像轮船下锚一样，一股脑儿栽下去而不理往后的事态发展。是故许多时候，“见一步走一步”可能是更佳的策略。随着自己获得的数据日渐增加，逐步决定下一步该如何走，按情况的转变来修正未来路线，才是聪明的做法。

投资者决策上的偏见，又岂止于此？先母在世时，经常说“真主意，假商量”。意即很多人跟别人商量一件事之前，其实自己心中早已有了主意，而不是在仔细倾听别人的意见并分析事物后才做出结论。所有的咨询，其实都是假的。

例如看好的投资者会寻找一切利好的理由，去支持自己看好；看空者亦会想尽所有利空的理由，来掩饰自己不经分析、直观认定的看法。又或者在买入股份之前，不作深入分析；待自己买进之后，才找一大堆理由以证明自己的买入决定是对的。这种心理，行为金融学称为“结果偏见”（outcome bias）。

一个人自欺欺人至此，可以说肯定成功无望。

另外，又有些人整日疑神疑鬼。明明自己已对事情分析透彻，但是只要收到与其结论互相矛盾的数据，他们的信心便大为动摇，甚至对自己的正确决定加以否定，反而做出错误的决定。

上述各种都是最普遍的非理性投资行为，阁下有没有犯过？

过度自信与乐观

再细数下去，投资者的非理性行为还包括“维持现状的偏见”

在经历过20世纪70年代初接连两次的挫折以后，我方明白，只有运用系统性的投资策略，严守追随趋势、止损不止赚、加涨不加跌、不猜顶、不抄底等纪律，才能战胜自己的本性。

我老曹认为投资者虽然偶有理性的时候，但大多数时间他们都是非理性的。说到底，股市的升跌起伏始终是一众投资者集体行动的结果。在了解经济及金融运作之前，我们必须先对人性有所了解。

(status quo bias)。次贷危机初起时，汇丰控股（00005.HK）已发出盈利警告，宣布旗下金融机构 Household 的坏账情况恶化，但大部分投资者仍然选择按兵不动。到了 2007 年 10 月次贷问题已演变为金融海啸，许多汇丰控股的投资者还是宁愿维持现状。即使愈来愈多的信息显示汇控已过了盈利增长期，愈来愈多的证据显示汇控在海啸中未能独善其身，但不少投资者都宁愿选择维持现状。

投资者以为自己既然花费大量心血和时间，好不容易才找到汇控这只“大有前景”的股份，即使负面的事实已摆在眼前，他们都坚持不改看法。他们过度依赖过去的企业成绩，却不知投资乃是投资未来。此称为“沉没成本效应”(sunk cost effect)。直到 2009 年 3 月汇丰宣布大笔拨备，引发投资者歇斯底里的抛售。

本人当时曾开玩笑说，手持汇控的投资者就像“嫁错老公生错仔”，事已至此，即使他们不愿意，却仍须继续下去，结果反被投资者在网上臭骂“曹仁超教人非理性处理婚姻问题”。事后证明 2009 年 3 月 9 日，汇控市价 30.55 港元（除净值计），的确是近年来的最低价。过去一再说不担心的投资者在那一天歇斯底里，疯狂出货。然而，有时候明知嫁错老公生错仔亦要忍下去，不能感情用事。例如找律师先办分居手续，然后再搞离婚，又例如尝试“孟母三迁”给子女另一环境……千万不可“拿刀”斩丈夫实行“揽住死”或抱仔跳楼（香港经常发生的事），上述是非理性行为，千万不可。

人性之中，总有些不切实际的奢想，例如盼望自己手上的持股会成为热炒股份，祈求自己能买中下一只由4港元升至176.5港元的腾讯控股（00700.HK）。投资者如非独具慧眼，又怎能在数以千计的股份之中押中宝？

另外，投资者还有过度自信的倾向。他们喜欢自欺欺人（self deception），以为自己的投资分析能力和判断眼光总胜人一筹。根据研究，一般投资者至少高估自己的投资回报达8%。他们亦往往高估自以为很可能发生的事，而低估自以为发生可能性较低的事件，从而解释自己的行为，使之合理化。

他们之所以过度自信，是由于“自我邀功的偏见”（self attribution bias）。投资者赚钱的时候，会归功于自己英明神武，而非运气使然；相反，一旦亏损，则是外围环境的错，是时不我予。就算明显是自己的判断出错，他们也视若无睹。

他们之所以过度自信，也因为“事后孔明的偏见”（hindsight bias）。知道事情的结果之后，却以为自己老早就预测到事情会怎么发生。例如2003年“非典”过后，投资者或“专家”们会言之凿凿地说自己早料到疫情对经济的影响不过一时。又例如2009年金融海啸后，他们又堆砌种种理由解释股市泡沫爆破乃是必然的事，好像自己真有先见之明一样，却偏偏不肯承认自己事前之“不知”。

走快捷方式

今时今日，美国各大学府都正在从事行为金融的研究。从投资者须时刻保持平常心，放弃赌徒心理，坦然面对自己有时候惘然无知、有时候犯错的事实。只有这样，我们才会严格执行止损及其他投资纪律，持盈保泰。

2002 年 10 月，瑞典皇家科学院将诺贝尔经济学奖颁予卡尼曼，便知这门学科可能会成为投资理论的未来主流。

传统的经济和金融理论假定人们是理性自利的，市场信息是完全流通的，故投资者自然在众多选择中挑出最佳的决策；但我们知道这个假定是错的。事实上，人们的信仰感知（perception）、内在性格、情感和动机（intrinsic motives）、处世态度（attitudes），甚至直观推断（heuristics），都会影响我们的决策。

我老曹认为投资者虽然偶有理性的时候，但大多数时间他们都是非理性的。说到底，股市的升跌起伏始终是一众投资者集体行动的结果。在了解经济及金融运作之前，我们必须先对人性有所了解。

我们亦必须承认，面对不可预知的股票市场，投资者的理性判断和认知能力会受到自身心理和生理条件限制。在行为金融学家眼中，信奉长期持有策略的投资者，死抱陷入亏损、股价持续下降的股票，本身已是一个非理性的行为。

人类的思维过程有时会绕过理性分析，走上快捷方式。如果我们接受了投资者是非理性的这个说法，便应明白无论我们所作的分析有多透彻，股市走势仍然存在一定程度的不确定性，预期的事情不一定会发生。是故我老曹一而再地强调，投资者不可盲目追随羊群，不可过度自信，不可有勇无谋，而是要知所进退；在顺势时进攻，在逆势时防守。

投资者须时刻保持平常心，放弃赌徒心理，坦然面对自己有时候惘然无知、有时候犯错的事实。只有这样，我们才会严格执行止损及其他投资纪律，持盈保泰。

非理性基因

人类的非理性行为，其实早藏于我们的遗传基因里。

试想想，在百万年以前那个弱肉强食、人兽杂居的世界，无尖牙利爪的人类一旦遇上凶猛野兽，不是拼死一战（fight），就是惊恐逃命（flight）。是打是逃，人类都必须在刹那间决定。性命攸关，容不下半点犹豫不决。

这渐渐进化成本能反应。我们有时无须深思熟虑，只凭直觉（gut feeling）便可判断对手强弱，瞬间做出决定。

经济学大师凯恩斯在其 1936 年出版的著作《就业、利息和货币通论》（*General Theory of Employment, Interest and Money*）中，以“动物性”（animal spirits）来形容投资者急于行动、不愿无所事事的自发性冲动。

这种不经过大脑思考的本能，也许就是投资者非理性行为的根源。在股市上升时，“动物性”让投资者相信牛市能持续下去。在刹那间，投资者可能不做任何研究或资料搜集的工作就会选择 fight，轻易买入一只股票、一只债券，甚至一所房子。

如果投资者一买即赚，他们便会深信自己有过人之处，即使自己在霎时冲动之下做出决定，但决定还是蛮正确的。于是他们自信满溢、自以为是，甚至抗拒接收与己见不同的信息，形成行为金融学上的“确认偏见”（confirmation bias）。反过来说，当股市下跌至低潮时，他们便会立即 flight，马上弃甲逃跑，信心尽失，忘记黑暗尽头就是光明。

由于要适应环境生存下去，人类由最初的单打独斗变为群居，造成大多数人下意识都倾向于追随群体行动。这深藏于人类遗传基因里的性格，注定股市之非理性和羊群效应。

脑海里的金钱幻觉

科学家发现，人类的大脑有两个系统，一是直觉系统，一是理性系统。当接受实验测试者获得大笔金钱时（即使是虚幻的财富上升），其大脑的腹内侧前额叶皮层（ventromedial prefrontal cortex，VMPFC）区域的活动，便会异常地明显。这个部分主导我们的决定和行为，包括金钱幻觉（money illusion）。

当人们意识到一种资产或商品的货币价值，与扣除通胀之后的真实价值不符时，金钱幻觉便会产生。就是这种幻觉的影响，使投

由于要适应环境生存下去，人类由最初的单打独斗变为群居，造成大多数人下意识都倾向于追随群体行动。这深藏于人类遗传基因里的性格，注定股市之非理性和羊群效应。

经济泡沫，既为人性所制造，以后还是会不断地出现。作为投资者，我们不能逃避泡沫。没有泡沫，我们哪有致富的机会？投资者应学习如何利用泡沫，就像我老曹一样，今时今日在享受泡泡浴之时，趁机壮大自己的财富，改变一生的命运。

资者经常错误对待财富和投资。

譬如说，当投资者心底想购置物业的时候，他们脑海中自然就会产生房价还会继续上涨的幻觉。他们可能会记得 1996 年的时候广州商品房平均价格为每平方米 6 616 元，而 2007 年升至每平方米 12 670 元的水平，却忘记世界上有通胀这回事，甚至故意忽略楼价可能回调的负面信息。他们在潜意识里已经决定购房，故夸大楼市的投资价值，产生金钱幻觉，使自己的行为合理化。

又譬如说，亚洲开发银行预计 2010 年中国的通胀率为 3.6%。如果某人的薪金也以此增幅上升，就算实际的购买力不变，他的脑袋也会产生金钱幻觉，以为自己的财富增加了。

科学家又发现，投资者常说的“贪婪”乃受脑部伏隔核控制，“恐惧”则受脑部杏仁核控制，其实那是直觉系统的反应，是未经深思熟虑的自然感觉。人们对坏消息或跌市的反应，有如向一只咆吼中的狮子扬起红色对象一样，可立即令其脉搏上升、呼吸加速、血压上升及肌肉紧张，出现恐惧及愤怒的情绪。情绪继而会控制脑袋，做出毫无意识的行为，引发原始的“动物性”。

换言之，投资者一旦被恐惧或愤怒控制自己，往往会产生杯弓蛇影的现象，然后不自觉地做出非理性抛售，而不再用理性去分析事物。避免的唯一方法，就是在自己开始感到恐惧及愤怒之时，立即停止“行动”或建立一套投资系统，设法令自己重新冷静下来，令自己再次由理智控制情绪为止，勿让恐惧及愤怒支配自己的行为。

经济泡沫 可爱又可怕

不论投资者本身有什么性格、来自什么民族，只要是人类，就会有一些共同的情绪特征。例如前文提及的羊群效应、过度乐观、过分自信、讨厌亏损、注重眼前实利、将自己的非理性行为合理化……这是人类固有的本色，是人类天性的弱点。

这也解释了为何人类经历了一次又一次以不同名义而来的金融危机，却未能从历史中汲取教训。是人类的情绪特征制造出经济泡沫，所以泡沫无可避免地一再出现。然而，泡沫是否真的如斯可怕?

2010 年春节过后，我老曹在香港电台一个新春金融节目中担任嘉宾。不少听众都问我，内地的物业市场是否有泡沫成分?当然有。美国自 1971 年将美元与黄金脱钩后，过去 40 年美联储都不断地制造泡沫。其后不少国家的中央银行被逼加入（因为各国央行都是用美元作为外汇储备），1985 年日本银行甚至制造了战后最大的泡沫而不自知。1989 年起，连中国人民银行亦加入了制造泡沫的行列。

逃不过泡沫爆破的人，当然说经济泡沫很可怕；但只要逃得过去，便会发现其实泡沫非常可爱。换言之，泡沫既可爱又可怕。

1971 年至今，香港经济共经历过七次泡沫洗礼。1971 年那次，我老曹的身家由 5 000 港元变成 20 多万港元，升幅逾 40 倍，然后再跌至 7 000 港元，接近打回原形。1973 年那次，我老曹的身家又由 8 000 港元变成 50 万港元，升幅逾 60 倍。那时候，我老曹年少气盛，尚未懂得适时离场的道理，在泡沫爆破后太早入市，结果损失惨重，我发誓自此不会再被泡沫所淹没。从 1980 年起，本人已建立系统性投资策略，不再感情用事。是故 1987 年股市大泻、1997 年香港楼市泡沫爆破、2000 年科网股泡沫爆破，以及 2007 年的金融海啸，我纵有小伤，也能安然逃命。

经济泡沫，既为人性所制造，以后还是会不断地出现。作为投资者，我们不能逃避泡沫。没有泡沫，我们哪有致富的机会？投资者应学习如何利用泡沫，就像我老曹一样，今时今日在享受泡泡浴之时，趁机壮大自己的财富，改变一生的命运。

豺狼当道 杂群索居

在上一本拙作《论战》里，我已清楚明言金融证券市场是个非常残酷的市场，与弱肉强食的森林环境不遑多让。美国、日本、欧盟或其他成熟市场的经济体系，都强调并捍卫“公平竞争，保护市场弱势群体”，以阻止“金融豺狼”把既无内幕消息又无话语权和操控权的“散户羊群”吃光。事后发现连先进国家的政府亦做不到这一点。直至 2010 年，美国国会才对高盛证券向客户推销“垃圾债券”是否违法的问题进行聆讯，更遑论新兴的中国市场。

中国证监会在保障投资者方面，迄今只有 20 年的经验，还有一条漫长的学习道路。今时今日，我们仍不时听到 A 股市场饱受“金融豺狼”的蹂躏，例如上市“圈钱”、造假账、炒高股价牟利、掏空上市公司……从深圳原野、亿安科技、银广夏、红光、托普、啤酒花、中川国际……多少股民被耍弄、欺诈、坑害?

唯其如此，阁下亦不宜妄自菲薄，切勿将“机构投资者”神化夸大，因为他们亦不过是只纸老虎。

商品大王罗杰斯有句名言:“我从来不跟不知市场水深水浅的专家探讨投资问题。”个人投资者固然深受人性所支配，但其实机构投资者亦是由人所组成，故一样会有羊群效应等非理性表现。2000 年在科网股泡沫面前，金融大机构的表现如何? 2007 年在金融海啸面前，连百年老店雷曼兄弟公司亦以倒闭收场，不少大银行不是一样被其他银行接管了吗?

当一群鲑鱼力争上游之时，许多都会在沿途死亡，甚至成为巨熊的食物。只有少数成功者能到达上游，并诞下下一代。投资小户亦一样，如阁下随波逐流，则投资回报肯定不行；如阁下敢于逆市而行，死亡率一定很高，当中只有少数会成为最后的成功者。雷曼倒闭事件告诉我们，成功的不一定是机构大户。

许多人为了提高自己在股市的生存机会，都会参加一些学习投资技巧的课程。要成为成功的投资者，适当的培训当然是必需的，但看看每年电视台的艺员训练班、各省市的艺术学院有多少人毕业?当中有多少个周润发、刘德华、葛优、章子怡?

很多人都说，一个成功的明星，除了要有演艺细胞，还需要极高的情绪智商（emotional quotient，EQ)。同样道理，一个成功的投资者，除了要懂高超的分析技巧之外，亦必须摆脱遗传基因的影响，学习接受孤独。

我们这一代

每个人都有独特的个性，但人类又有其共通的情绪特征。虽然人心千古不变，但每个年代其实都有自己的价值观。

我们这班成长于 20 世纪 50 年代的香港人，出身贫穷，一心拼命赚钱，以求用财富证明自己的能力。我们是第二次世界大战以后受惠最多的一代，既非生逢战乱，亦没有天灾人祸，又刚好赶上香港经济起飞的黄金岁月。

在 1970 年前后出生的香港人，称为“X 世代”。比如我的长女，生于 1974 年，刚好遇上父亲失业兼投资失败的“双失”日子。虽然其后我们的家境已大为好转，她既有愉快的童年，又有接受高深教育的机会，但骨子里她仍保留了精打细算的性格，做事很有拼搏精神，时刻保持一份“危机感”。

正当我老曹的一代开始研究如何在退休后保护自己赚来的财富时，“X 世代”步入社会工作，却频频遭遇灾难，包括 1997 年亚洲金融风暴、2000 年科网股泡沫爆破、2007 年金融海啸等。所幸，2003 年至今我的长女已返回内地工作，转乘中国的“繁荣号”快车。

至于生于 1980 年前后的一代，称为“Y 世代”。例如我的次女 1979 年出生时，我老曹的身家已逾百万港元，故她自小已甚懂享受，动不动便开启空调，不理每月电费上千港元。长大以后，她的生活态度亦甚为中产，在英国留学期间，她可以花上 50 英镑（约 525 元人民币）买票欣赏舞台剧比如《妈妈咪呀》（*Mama Mia*）而面不改容。她对金钱毫不紧张，一切以生活情趣为出发点，醉心艺术，对赚钱兴趣不大。

“Y 世代”在大陆被称为“80 后”，这一代不知招惹了谁，到处都备受指责。在香港地区，他们被指为专门制造麻烦、激进反叛、不事生产的失败者。在台湾地区，他们被贴上“草莓族”的标签，说他们外表光鲜，却经不起一丝压力，一压就扁。在日本，知名社会观察家三浦展更将他们打入“下流”的新社会阶层，说他们丧失生活目标、缺乏积极性、个性散漫、随心所欲……人们忘记了性格的形成，许多时候跟生活境况有关。

其实不是 80 后有什么问题，而是“30 岁前”的年轻人，无论过去或现在，不论生活在哪个国家，都会对社会现状不满。1970 年至 1999 年间，67 个国家的示威活动当中，60% 参与者的年龄都是 30 岁或以下。我老曹的一代，年轻时何尝不是走上街头要求将中文合法化、反贪污、反对发展新市镇？为什么现在我们这一代却反过来对 80 后说三道四？

这情况有如“婆媳问题”，以前做婆婆的经常对儿子的老婆挑

经济全球化是一柄双刃剑，既带来正面效应，比如可使世界范围内的资金、技术、产品、市场、资源、劳动力进行有效合理的配置；同时亦有负面影响，如加剧了世界经济的不平衡，使贫富差距拉大，令世界经济不稳定性增强。

行为金融学者认为，客观的经济因素虽然重要，但决定性因素还是在于群众心理；犹如汽车质量虽然重要，但决定性因素还是在于驾车者的素质。股市既然是一个“非理性、自我驱动、自我膨胀”的泡沫，那么透过分析群众心理，然后作出相应的部署，往往可从中获取巨利。

挑剔剔，今天我们自己做了别人的婆婆，为何又去挑剔自己的儿媳妇？难道我们忘记自己“做人媳妇甚艰难”的日子了？

金融一体 双刃剑

正面点看，80 后其实非常关心社会、富有正义感、有理想、有世界观，既聪明又有创意，受过良好教育，并更懂得欣赏生命中（金钱以外）的美。他们拥有的这些特质，可能更能适应时代的进步。

我们这一代 50 后是饥饿的一代，年少时的贫穷令我们变得贪心。80 后一代才是正常的一代，明白生活可以很简单。他们追求的是理性社会，而非我们这一代所要的过分物质化的社会。例如我的小女儿在英国留学时，会趁假期飞往意大利佛罗伦萨喝泡沫咖啡，此乃享受生活而非奢侈；反而我们这一代花数十万元买名表才是奢侈。

过去百年，是美国领导整个工业化国家的时代，但往后引领经济持续发展的是创新科技。我们的社会已经进入网络化时代，信息科技占整个经济结构的比重愈来愈高。美国的纳斯达克市场和中国的创业板能吸引大量资金，某种程度上亦反映了市场的预期。

信息科技的兴起，加速了全球化的进程。在以前的电报年代，一件今日在外国发生的新闻事件，报章明日才会翻译刊登出版；在电视年代，一件早上在外国发生的事件，最快也要到傍晚才会在晚间新闻节目中播出；在如今的网络年代，一件在外国发生的事件，不消数分钟便可以传遍全世界。

经济全球化始于20世纪60年代，1980年中国改革开放加快发展步伐。1947年，世界贸易总额为450亿美元，美国占其中32%，即144亿美元；至1997年，世界贸易总额已达61 000亿美元，另加21 000亿美元的服务贸易，50年增长了180倍，美国所占份额已下降至10%；2007年，世界贸易总额更较1997年翻两番。

金融市场亦渐趋一体化。自1971年美元实行浮动汇率制度后，债券、股权、保险业务加快全球化，至20世纪80年代以后更是发展迅速。股市自此亦变得牵一发而动全身，例如1987年的美国股灾，便引发全球众多国家同时出现股灾。

在人类金融发展史上，过去融资都是由中介机构如银行负责的，但20世纪80年代以后，融资便转趋证券化。

经济全球化、金融一体化，加上融资证券化，让全球经济互相依赖、加强合作、在竞争下共同发展，有助于减少各国社会之间的意识形态、科技水平、发展水平的差异。

经济全球化是一柄双刃剑，既带来正面效应，比如可使世界范围内的资金、技术、产品、市场、资源、劳动力进行有效合理的配置；同时亦有负面影响，如加剧了世界经济的不平衡，使贫富差距拉大，令世界经济不稳定性增强。

今时今日，金融问题已非一个国家或一个产业的问题，而是影响全球经济，甚至牵连整个人类社会稳定性的问题。例如泰国贫富悬殊问题已演变成红衫军和黄衫军对立，引发社会动乱。

非物质虚拟化

全球经济体系现正“虚拟化”，例如腾讯（00700.HK）市值已超过不少大地产公司，金融资产已取代实物资产。目前国际金融交易只有 2% 与生产、贸易和直接投资有关，其余都是金钱游戏。

全球股市现值约 25 万亿美元，衍生金融产品价值逾 100 万亿美元，是全球生产总值的 3 倍多。投资者通过买卖股票及公司债券，承担风险，来寻求回报。这既大大加快了资源分配的速度，亦加快了人类财富增加的速度，同时也令财富在分配上形成两极化。

透过收购合并，全球超过 50 家大型证券商或银行集团所组成的网络，足以令各国经济联系在一起，并互相产生影响。全球金融市场一年的交易量超过 400 万亿美元，是国际贸易量的数十倍。资金流向已足以决定一个国家经济的盛衰，而不再是进出口贸易。

金融自由化为全球提供了大量商机，也带来了危机，其中最主要的是流动性风险。短期因素和心理预期，使货币价值逐渐脱离商品的生产基础，甚至主导了经济发展。企业通过资本市场发行股票、公司发债等融资活动，以取得资金发展业务。股市盛衰反过来主导经济，而不再是经济的晴雨表。世界已进入虚拟世界主导实物经济的时代。

随着人类拥有的财富愈来愈多，流向虚拟资产的财富比重亦愈来愈大。例如只拥有 100 万元财产者，有多少比例是投资工厂、商铺、住宅、生产设备、黄金等实物资产？有多少投资至证券、存款、外汇、债券等虚拟资产？相信这些人付了 30% 首期购买住宅物业之后，财产已所余无几。当我们拥有 1 000 万元财产后，又有多少比例投入虚拟资产？相信百分比会大大上升。

全球经济体系日渐“非物质化”。成为新消费力量的“80 后”，看重的已不是商品的本身，而是品牌的内在精神文化和价值取向。绿色产业未来或许会因而受惠，例如光伏、风电、核电、动力电池、地热等新能源、创新的减排技术、固体废弃物再利用等产业，都有偌大的想象空间。

今生愿做中国人

只有明白时代特征，我们才能适应市场变化。在现今的全球化、网络化、非物质化、虚拟化的时代，什么行业和股份能够提

金融自由化为全球提供了大量商机，也带来了危机，其中最主要的是流动性风险。短期因素和心理预期，使货币价值逐渐脱离商品的生产基础，甚至主导了经济发展。企业通过资本市场发行股票、公司发债等融资活动，以取得资金发展业务。股市盛衰反过来主导经济，而不再是经济的晴雨表。世界已进入虚拟世界主导实物经济的时代。

供创富机会？投资者有没有反省一下，传统“分散投资于不同市场”的策略是否已经过时？在这个瞬息万变、信息爆炸的时代，投资者还奢望选好一只股票便可一劳永逸吗？我们是否应该把握主宰未来经济命脉的新兴行业，致力于寻找当中最具潜力的股票？

我们唯一可以庆幸的，就是我们是中国人。未来的创富机会，就在自家门前。根据国际货币基金组织（IMF）估计，2010年亚太区国家和地区的国民生产总值增长率为经济合作与发展组织（OECD）国家和地区的4倍；其中又以中国最快，达8.8%，印度则为6.5%。未来10年，中国、印度、东南亚国家将互相结合，组成CIA同盟（即China，India及Southeast Asia），一个多达30亿人口的自由贸易区势将出现。

这个自由贸易区的组成，将成为全球经济火车头，逐渐取代过去的以美国、德国和日本为首的“三驾马车”。未来10年，CIA同盟只需保持经济年均增长5%，已可令全球经济增长保持在2%或以上，不致出现衰退（即使美国及欧洲可能同步日本后尘）。

第一世界国家经济发展期早已结束，日本结束于1990年，美国则在2000年。反之，第三世界国家的经济发展才起步不久，中国在1980年开始，印度在1990年，而中欧及非洲等地区更在2000年才开始急速发展。

第一世界国家的政府负债累累，第三世界国家的政府则朝气勃勃。第一世界国家的政府依赖增加货币供应去刺激经济增长，结果使货币贬值；第三世界国家的政府却努力压抑其货币升值，以保持出口增长。

精明的投资者已在1990年逐步退出日本市场，2000年起逐步退出美国市场，并改投CIA同盟。虽说在全球化的时代，各国金融市场已连成一线。假使美国股市崩溃，中国也不能独善其身，但2007年的金融海啸已经证明中国市场所受的影响的确较少，亦复苏得较快。

我老曹继续看好中国未来10至15年的经济发展。邓小平在1978年决定“要成千成万地派”学生放洋留学时曾说：“要千方百计加快步伐，路子要越走越宽。”就是寄望这些留学生大量回国时，为中国经济带来天翻地覆的改变。

从2009年起，中国正进入另一个天翻地覆的改变期。爱对中国经济指手画脚、大泼冷水的外国经济专家，等着瞧！

中国城市化仍在进行中，中国经济刚由出口带动转为内需带动，即未来10到15年大多数是向好的。中国的房地产市场虽然偏高，但只须压抑调整一下，便能持续发展下去。至于在经济上升过程中的股市涨跌，则须深入了解，细心分析去捕捉牛市中的“脚”（调整期）；反之，美国已进入漫长熊市，我们捕捉的是熊市中的“爪”（反弹高潮期）。

我们这一代中国人极之幸运，正好遇上“日出东方期”，但愿更多中国人能乘搭这列“东方快车”进入“富裕社会”。

第三章

散户的弱点

投资新手对股市往往一知半解，导致惶惶不可终日。故在不同的牛熊市况，难免会受人性支配，而忘记自己预先订好的投资策略。今天中国大部分的投资者离“成熟阶段”尚远，而股票市场却越发“月黑风高”，令选股变得愈来愈重要。不过，无论市况如何，投资者都必须认清自己是一个什么样的投资者，了解自己的性格容易犯下什么投资大忌，避免一些情绪误区，为自己量身打造一套与性格匹配的买卖系统，然后持之以恒地去执行。

只有了解人性，以投资法则和纪律控制非理性的行为，坚守投资信念凝重如山，顺势应变灵动如风，我们才有机会在股市的升跌大浪之中白手建立起自己的财富。

牛熊市况 心态有别

在第二章中，我们讨论了许多人性共同点。表现在股市上，我老曹发现每一个投资新手在开立股票账户之后，必然经历以下三个阶段：

首先，是“初生之犊不畏虎，盲拳打死老师傅”的阶段。第一次踏足股票市场的投资者，初期总是跃跃欲试，不论什么市况都想大显身手，不买心不安。投资新手的首战通常告捷。但“输钱皆因赢钱起”，由于他们不相信也不明白股市之风险，故在开户 3 至 6 个月内，便很有可能第一次尝到“被套”的滋味，感到不知如何是好。

在吸收了大约半年的实战经验后，投资者进入第二阶段。在此阶段，他们对股票市场还是一知半解，既试过乱买乱卖都可以赢钱的幸运，也试过自选股份却被套牢的霉运。他们发现市场里上升的股份，每每就是自己曾经拥有却一早卖出的股份；而市场里下跌的股份，则正好就在手中，弄得自己患得患失，只管到处问人怎么看、怎么办。

在股市至少打滚 3 至 5 年后，投资者才可能进入第三阶段的成熟期，他们开始明白投资前必须先做分析，拥有自己的独立判断，而不再盲目听信“专家”所言，头脑冷却下来，不再发热。

"专家"的确不可信。2010 年 4 月，我老曹利用复活节的几天假期，整理一下手上的资料。1997 年 8 月恒生指数高见 16 820 点，至 2010 年 5 月 7 日收报 19 699 点，升幅近 17%；过去 13 年投资专家们曾大力推介的热门港股如中信泰富（00267.HK）、上海实业（00363.HK）等都跑输大市（见图 3.1 和图 3.2）。反之，1997 年很少人留意到的冷门股，如江西铜业（00358.HK）、青岛啤酒（00168.HK）等却升幅惊人（见图 3.3 和图 3.4）。

内地不少股民都于 2007 年上半年才开户，还记得那年春节之后的半个月，沪深新增的 A 股账户数目达 123 万户，比 2005 年全年的新增户数还多。这是第一个阶段，许多投资者都平白无故地在股市内赚到钱。

不过，这些小投资者在 2007 年下半年以后，则陆续踏入第二阶段，尤其 2008 年遇上大跌市之后，心情更是七上八下。要他们能够真正笑迎股市起跌，还须数年时间的磨练。

国策推延时间表

投资者的成长分三个阶段，股市本身也分牛熊市况。在不同的时期，投资者因受人性支配而容易犯下的错误也各不相同。

牛市第一期是在忧虑之中上升的，而且升幅可观。2009 年 4 月全球正为猪流感疫情蔓延而忧心忡忡，各国投资者都担心经济会出现"第二次衰退"(double dip)，我老曹当时在北京、上海的新书发布会上，却大着胆子说中国 A 股牛市已开始。

那时候很多人都不相信。他们忘记了群众心理学，忘记了股票

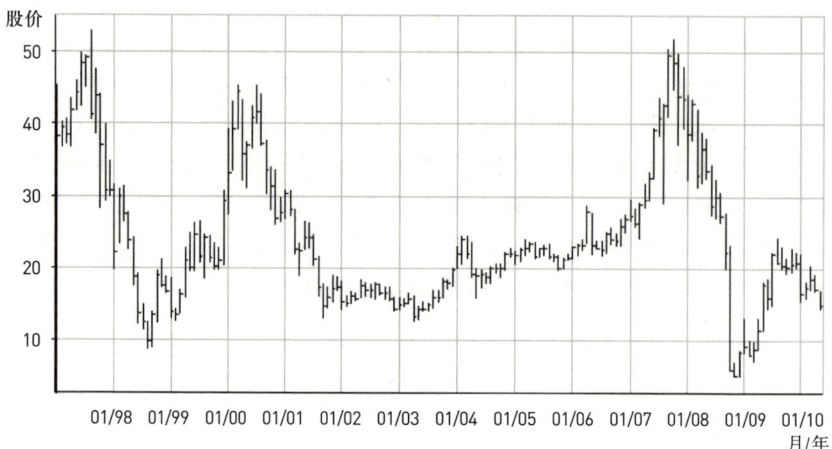

图3.1　1997年投资中信泰富 至今仍然被套

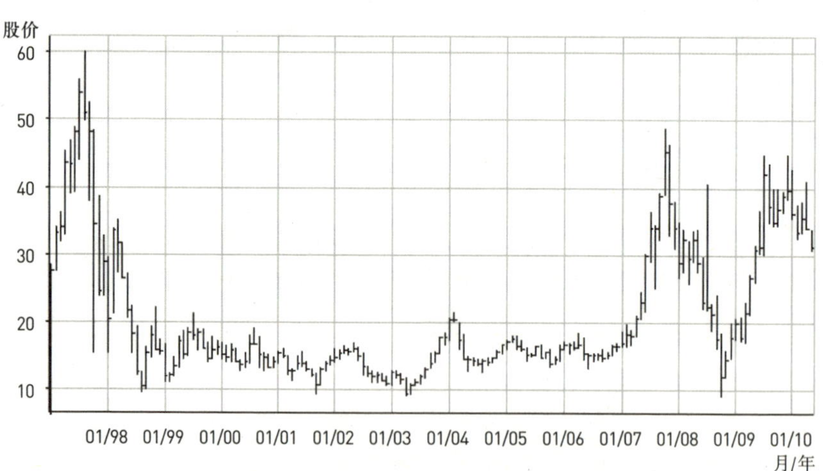

图3.2　1997年至今 上海实业原地踏步

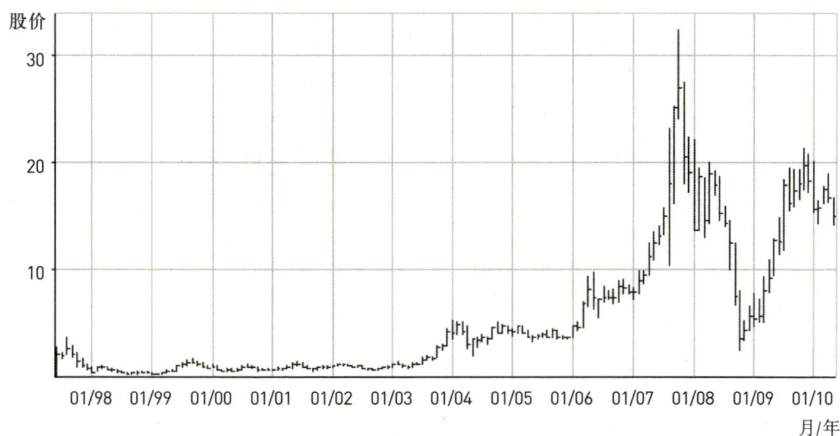

图3.3　江西铜业 1997年至今升幅四倍

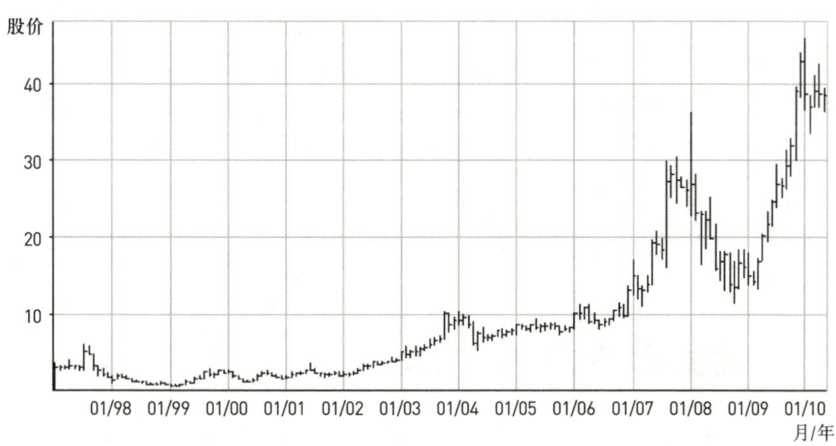

图3.4　青岛啤酒 1997年至今涨逾580%

市场往往是在多数人悲观时开始上升，多数人乐观时开始回落。根据美联储所做的模型，衰退的日子最有可能出现在 2007 年 10 月至 2008 年 4 月，概率高达 35% ～ 40%，因此美联储于 2007 年 9 月开始入市；但到 2010 年 4 月，出现衰退的可能性已降至 0.82%，所以选择退市。

2009 年 4 月，大部分投资者还未能摆脱 2007 年 10 月至 2008 年底的大跌市余悸，对市场缺乏信心，却随便说我忽悠 A 股投资者。如今回望，谁对谁错?

A 股始于 2008 年 11 月的牛市第一期，事前估计应于 2010 年第二季度完成调整，但面对中央一连串压抑楼价的政策，牛市第一期 A，B，C 浪中的浪 C 有可能出现伸延，使得第二期可能推延至 2010 年第四季或 2011 年第一季才来。这也是我根据政策情况所做出的修正，是否正确，还要看市场的状况。

现行的中央政策虽然改变不了市场大趋势的方向，却能影响市场变化的速度。2007 年 10 月，A 股股价达到账面值的 5 倍，2008 年 11 月跌至账面值的 1.6 倍，2010 年 4 月回升至账面值的 2.2 倍。以 2000 年至 2010 年 A 股股价对账面值平均为 2.1 倍计，2010 年第二季度 A 股市场其实已趋正常。若不是受政策影响，牛市第二期应在 2010 年第二季度蓄势待发。

收拾心情 迎战牛二

读者不知有没有看过 20 世纪 60 年代香港经典粤剧《呆佬拜寿》。故事讲述由名伶梁醒波饰演的呆子阿茂，婚后，妻子为他做打算，叫他养鸭维生。一次，阿茂赶着一群鸭子经过河边，因小鸭呱呱叫，阿茂竟把未养大的鸭子放进河里游泳，结果小鸭全跑光光，弄得娇妻哭笑不得。

牛市第一期的上升周期中，大部分股份鸡犬皆升，区别只在升得多与少。小投资者刚从 2008 年的熊市中重新返回牛市，有点不习惯。不少小投资者在 2009 年 4 月或 5 月已出货，眼巴巴看着自己卖出的股票愈升愈高，一直上升到 2009 年 8 月，情况有如“呆佬”将未养大的鸭子放进河里去游泳，结果小鸭愈游愈远，不再回来了。

失去鸭子后，阿茂的妻子为避免“鸭子错误”，便吩咐他养鸡。阿茂吸取了上次养鸭的教训，当小鸡叫时便死命捉住那些小鸡，生怕它们跑掉，结果把买回来的小鸡全都捏死了。2009 年 8 月后的散户重新入市吸纳，这次怕放了后再升，死命捏住，到 2010 年 5 月发现自己手上的小鸡给“捏死”了，牛市第一期调整期才进入尾声。

这次加上中央出招，相信散户们如同呆佬面对被自己捏死的小鸡，一定十分伤心，令牛市第二期延期出现。

进入牛市第二期（即漫长的“慢牛期”），则以板块轮动为特

要拥有美满的婚姻，我们必须选个好老公或好老婆；要享有丰硕的投资回报，投资者自然亦应选择优质股、强势股来买。挑选强势股份的方法很简单：我们只要将个股升降与指数比对，便能看得一清二楚。

征。就算在同一行业里，个别股份亦表现各异。且看同为澳门赌业股的新濠国际（00200.HK）和永利澳门（01128.HK）在 2009 年 10 月至 2010 年 5 月的走势（见图 3.5 和图 3.6），便知道选股何等重要。

小投资者的行为偏偏跟“阿茂”一样，手中股份稍微升值 10% 便高兴不已，如果上升 30% 更是迫不及待地卖出去——鸭子未养大便放手。受过鸭子教训后，2009 年 8 月起又死守不放，最终将小鸡也捏死了，如此心态又怎能赚到大钱？缺乏耐心或死守资本不放，都是小投资者的大忌。

要拥有美满的婚姻，我们必须选个好老公或好老婆；要享有丰硕的投资回报，投资者自然亦应选择优质股、强势股来买。挑选强势股份的方法很简单：我们只要将个股升降与指数比对，便能看得一清二楚。

譬如说，某月深沪指数的升幅为 10%，而股份 A 同期升幅为 15%，是明显跑赢大市的强势股，应该继续持有或买入。反过来说，如果投资者手上的股份同期只上升了 5%，则明显是弱势股，可以卖掉。如此不断地汰弱留强，我们便可轻松地让盈利往前跑，并止住亏损。

2010 年 5 月至 6 月，投资者最好收拾心情，准备迎接牛市第二期的来临。我们不必频繁地买卖，因为输赢关键不在于进出次数的多寡，而只关乎眼光的准确。一般而言，每个月（甚至每季）买卖一两次已经足够，在短线交易中能够长期赚钱的人，只占总数的 5%。作为小投资者，以少参与短线交易为佳，宜集中在中长期趋势上。

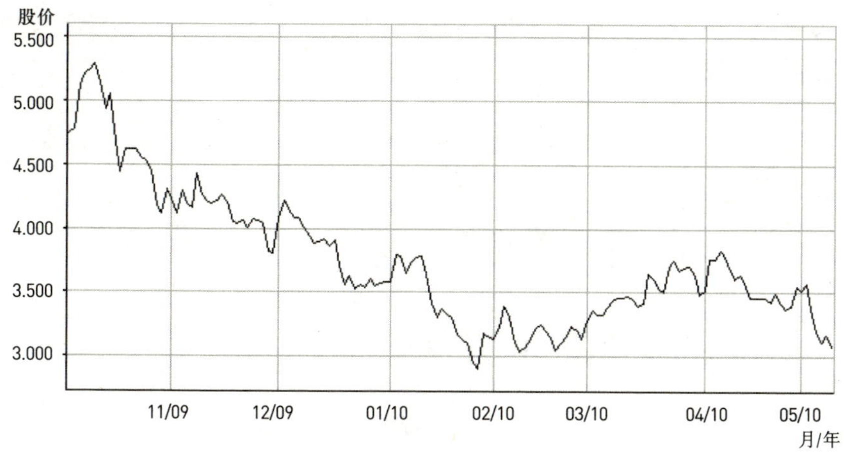

图3.5　新濠国际 股价不振

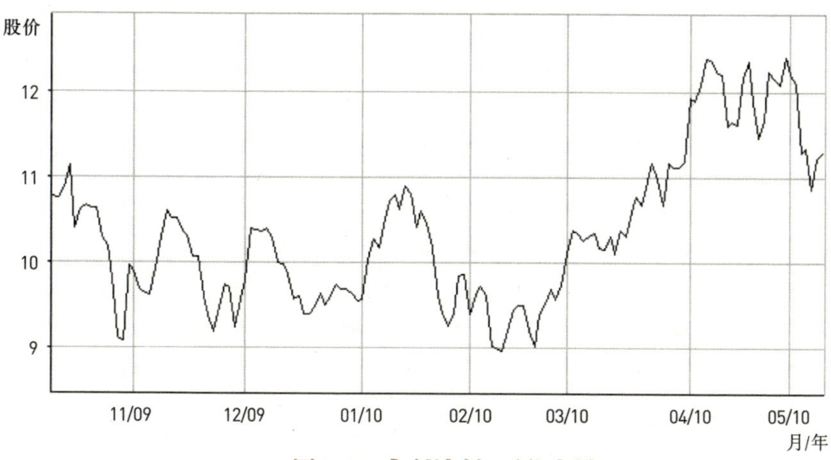

图3.6　永利澳门 平稳上涨

我们不必频繁地买卖，因为输赢关键不在于进出次数的多寡，而只关乎眼光的准确。一般而言，每个月（甚至每季）买卖一两次已经足够，在短线交易中能够长期赚钱的人，只占总数的5%。作为小投资者，以少参与短线交易为佳，宜集中在中长期趋势上。

人民币升值 利好保险

在牛市第二期，市场将轮动到什么板块，目前言之尚早。投资者如不懂选择，便干脆买进内地的龙头金融股好了。

我在《论势》一书中已经说过："银行乃百业之母。"中国经济只要继续繁荣，银行股的表现就算不是最火热的一块，也不会差到哪里去。投资者亦可以考虑保险股，如中国人寿（601628.SH）。一来，国寿手持大量人民币，可受惠于未来人民币升值；二来，内地人寿保险业正进入高需求期，有利于其本业发展；三来，保险企业手持大量投资资产，在牛市中亦应有不错的回报。

说到人民币升值，我老曹不妨多说几句。2010 年，美国方面不断要求人民币升值 30%。虽然美国贸易赤字的责任不在中国，但在全球高呼经济平衡的口号下，中国出口面对贸易保护主义的压力不小。自 2005 年 8 月开始，人民币已逐步升值了 22%，直至 2007 年 10 月金融海啸爆发之后才停下脚步。

我老曹认为 2010 年下半年人民币会继续其升值的道路，不为别国压力，却为刺激内需。中国改革开放这么多年，一直面对投资过剩、消费不足的情况。如果任由这个趋势发展下去，将出现类似

20 世纪 80 年代的日本资产泡沫，最后难逃泡沫爆破的命运。由于前车可鉴，政府未来的经济发展大方向应以刺激内需为主。例如让货币逐步升值，令进口货品价格日渐便宜，亦有助于压抑中国通胀率上升的速度。

根据彭博新闻社的调查，市场估计人民币于 2011 年 3 月底前会升值 5%，即升至 6.5 元人民币兑 1 美元。我老曹估计升幅可能更小，但趋势向上应该没错，故在牛市二期中保险股值得留意。

至于我说人寿保险业正进入高需求期，则主要是因为内地 80 后一代陆续结婚成家，开始养儿育女。人寿保险的作用，主要是为家人提供财务保障。一旦自己突然出事，家人和子女在面对丧亲之痛的同时，不必因财政困难而受苦。因此，我老曹主张人们在领取结婚证书之前就买份人寿保险，如果家中子女尚幼或身负房屋贷款，更应及早购买。

2011 年避开消费股

投资者若在金融股身上赚到钱，下一轮便可考虑内地房地产股份。2010 年，在中央连番打压之下，估计在 2010 年第四季度内房股见底机会十分大，2011 年有机会否极泰来，故今年第四季度可开始收集内房股。

同样身陷低谷的铝业、煤炭和电力（如果政府批准加价）股，届时亦可能到了重新看好的时刻。

受惠于经济复苏，出口股和航运股 2010 年上半年可看高一线，但也要看人民币升值对出口造成了多大打击才可说得准。由于估计

2010年下半年起油价涨幅不大，相信石油股和化工股将表现平平。至于公路股、铁路股和基建股，我的看法较为中性。

到了2010年第二季度，投资者应避开运动服装、超市等消费类股份和医药股。这些股份虽然是经济转型中的受惠股份，发展空间甚大，但怕市场对之过度乐观、过度期盼而令股价太贵，到业绩公布时，投资者希望愈大失望也愈大，不得不察。

投资者或许会问：牛市第二期到底有多漫长?

牛市第二期为时一般是第一期的两到三倍。由2008年11月开始的牛市第一期如长约20个月的话，牛市第二期很可能便长达40个月到60个月。如此推算，疯狂的牛市第三期可能要到2017年左右才出现。不过，此乃后话，不可照单全收。

我们在2007年已见识过牛市第三期如何让大部分投资者失去理智，今后宜引以为戒。

至于投资者在熊市的非理性表现，例如过早抄底、不肯止损等，大家刚刚经历过，相信无须我再多说。

勉强自己无幸福

真正成功的投资者，通常都会花上很长的时间来审视自己，琢磨出自身性格的长处、短处，再参考别人的投资策略，为自己度身定制一套配合性格的买卖系统，然后持之以恒地去执行。

我老曹做事大纹大路，较少精细计划；我有一位朋友却跟我刚刚相反，他做事计划周详，事事小心、处处谨慎。年轻时跟他远足旅行，这家伙竟带齐指南针（以防迷路）、电筒（以防漆黑地方）、雨伞（以防天有不测风云）、毛巾（以防出汗）、瓶装水（以防口渴）、少量药物（以防意外）和一袋面包（以防肚饿）。结果常常被友侪讥笑，说他是“行山阿伯”。

我这位朋友对每样事物都要求严格，连吃牛排都指定侍者给他切第二块（second end cut，因为第一块容易烧焦）。本人则喜欢半生半熟甚至三分熟，要牛排见血才满足（当时还没有疯牛病）。他认为我的吃法太危险，受他影响，今天我也不敢吃太生的牛排。

性格反映在投资行为上，我这位朋友喜欢精挑细选，耐心地长期持有；本人则强调有智慧不如趁势，醉心于捕捉股市大浪，喜欢于趋势形成时加入市场，是“宁买当头起，莫买当头跌”“止损不止赚”的信徒。

20 世纪 70 年代开始，我们俩彼此见证着对方运用自己的策略去建立财富。我们致力投资之时，正值香港经济起飞，所以不论长

性格反映在投资行为上，我这位朋友喜欢精挑细选，耐心地长期持有；本人则强调有智慧不如趁势，醉心于捕捉股市大浪，喜欢于趋势形成时加入市场，是“宁买当头起，莫买当头跌”“止损不止赚”的信徒。

期持有的他，还是顺势而行的我，都一样成功致富。而他由于深入了解所持有的股份，升幅往往比我的要大。

在经济上升周期之初，许多股份都被错误定价（mispriced），追随巴菲特采用价值投资法，在股份的真正价值未被一般人发现前买进，然后长期持有，的确是可以赚大钱的。

问题是当经济发展后，市场日趋成熟，这样的投资机会便愈来愈少。自 1997 年开始，过去 13 年来香港股市一再奖励趋势投资者，却惩罚长线持有者。如果趋势投资者能在 1997 年 8 月于恒生指数收报 16 820 点的高位离场，然后于 1998 年 8 月 6 544 点的低位买进，继而在 2000 年 3 月的 18 397 点离场，在 2003 年 4 月的 8 331 点买进，直至 2007 年 10 月恒生指数升至 31 958 点再次离场；每次一进一出，获利均可逾 100% 甚至更多。反之，信奉价值投资法的投资者，在过去 13 年，财富是起起落落，没有多大进展。

是故，我老曹一再强调，别人运用的投资法，未必适合阁下。如果你是短炒冠军，便无须自己骗自己，勉强自己去做什么长线投资。本人习惯用趋势投资法，亦不羡慕别人用价值投资法赚到大钱。

五型投资者 各有优劣

我老曹观察股市，经综合分析发现，大部分投资者都逃不出以下五大类型。五种人性各有优点，亦各有缺点，认清自己偏向哪一类型，有助达致投资成功，改善投资回报。

第一类是纯理论型。此类投资者讲起理论便天下无敌，行动起来却有心无力。他们分析股市说得头头是道，论个人投资成绩却是一塌糊涂。典型例子就是那些大学象牙塔里的财务系教授或经济学博士，差不多每一个人都将价值投资鼻祖格雷厄姆（Benjamin Graham）的理论背诵如流，为何芸芸众生中只有一个巴菲特？

假如你属于纯理论型的投资者，便应该时刻提醒自己，问问自己是否说话过多、行动太少？

第二类是生意型。对他们而言，一切事情都以实用至上、赚钱为主，其余一切皆不重要。他们永远都不会明白那些便利人群、带来商机的高铁计划，为何会因为环保或拆迁问题而被拖延或被否决。

如果投资者只从金钱角度看事物，缺乏其他理论依据，往往无法纵观全局，以致“有心栽花花不发”。

为何 1997 年下半年至 2010 年间，香港有那么多生意型的投资者在楼市、股市里损失惨重？因为他们只从利率及租值的角度看问题，而没有考虑到香港经济到 1997 年已趋向成熟的问题。无论他们如何精明，假若他们在 1997 年下半年买房，至 2003 年 4 月的时候，至少要蚀掉 50%。

1990 年我曾劝香港的王增祥先生（1970 年起已长期投资日本

证券的香港投资家）放弃日股。因为“势”不在日本。无论投资者多么锱铢必较，也只是徒然。

第三类是宿命型。这类投资者永远不寻求股市和楼市升降的真正理由，认为一切皆命中注定。他们赚钱之时去烧香拜佛，失意之时去看相论命，凡事都以为与命运有关。

他们相信似是而非的玄学，以为“命里有时终须有，命里无时莫强求”。无论你如何跟他们解释经济规律、股市循环、市场趋势，他们都听不进耳，因为他们早已把一切归咎于命运。

过分相信命运者，请尝试从其他角度去分析问题。

有些人则刚刚相反，过分自信人定胜天，此为另一种迷信。他们认为只要肯努力，命运便掌握在自己手中。其实财富虽说是努力的成果，但天时、地利、人和缺一不可。请接受“三分努力，七分天意”的想法。

第四类是追风型，就是那些以自己的感情、本能、感觉去投资的人。别人说什么，他们都照单全收，以致其大部分投资都属非理性行为。

老子《道德经》有云：“天地不仁，以万物为刍狗。”经济前景永远都不可事前预测，基于对前景的忧虑，人们喜欢结伴同行，希望获得更多人的认同，以增加自己的信心，令投资市场很容易形成羊群心态。可惜投资市场的对错不以人数多寡来决定。

无论阁下是散户或是基金经理，甚至分析员，都十分容易陷人羊群心态而不自知。

如果你是追风型的投资者，应该在盲目冲动时自觉地设法让自己冷静下来。

最后一种是决策型。这类投资者明白自己的思想乃受自己的处境、文化背景以至周遭的朋友所影响。他们向别人咨询意见，尝试从不同角度去思考问题之余，却不会以别人的意见为依归，而仅作参考之用，协助自己做决定。

成功的决策型投资者，在未入市之前已分析清楚大势，决定自己应采取什么策略，然后逐步按计划进行，直至达到既定目标。唯一缺点就是有时会因考虑过于周详而错失稍纵即逝的机会。

男性过了 30 岁、女性过了 25 岁，如果仍未认识清楚自己性格的话，相信未来成就有限。不过，晚觉悟总比完全不觉悟好，否则小心晚年长忧。

小户勿妄自菲薄

许多投资者不了解自己属于上述哪一类型，只简单地认为自己属于“散户”“小户”。有些人以小户、散户心态自居，认为在大户、机构操纵的市场中，小散户根本处于劣势，无法胜过大户，不如选择当个“被动投资者”(passive investor)，选择月供股票或者购买

老子《道德经》有云:“天地不仁，以万物为刍狗。”经济前景永远都不可事前预测，基于对前景的忧虑，人们喜欢结伴同行，希望获得更多人的认同，以增加自己的信心，令投资市场很容易形成羊群心态。

金融市场里，只分赢家与输家。两者主要区别在于思考的角度不同，赢家胜在懂得逆向思维、出奇制胜，输家则主要输在自己的性格缺憾上面。

指数基金。

我从来反对大户、小户的区分。有哪个大户不是从小户阶段一直走下来的？

金融市场里，只分赢家与输家。两者主要区别在于思考的角度不同，赢家胜在懂得逆向思维、出奇制胜，输家则主要输在自己的性格缺憾上面。

譬如说，2010 年 5 月 6 日，美国股市在不足 10 分钟之内暴挫接近 1 000 点，创下美股历来最大的单日点数跌幅。市场传言暴跌的罪魁祸首，乃因为有交易员“不慎”下错盘，触发程序沽盘涌至。我老曹觉得此事似是精心策划的“人为造市”，目的是引发市场恐慌，借以在期指市场沽空而大捞一笔。

可能有人觉得这是大户和机构操纵市场的典型案例，其实只要关注欧洲的债务危机问题，并对南欧几国加入欧盟之后的经济状况略做研究，就不难理解这是赢家利用欧洲债务危机、人心虚怯的机会而策划的一次市场波动。“势升压不下，势跌挽不回”，赢家不一定是大户，而是懂得造势的人。

所谓大户，只不过是资金比一般人雄厚一点，消息或许灵通一点，又可借助计算机科技协助交易等。在今天互联网时代，信息渠道对散户一样通畅，只要跟对趋势，一样能翻身为强者。

2010 年 4 月 16 日，沪深 300 股指期货合约正式上市。期货市场与股票市场的关系，可以说是牵一发而动全身。人们懂得时势造英雄，真正的英雄却知道如何造势、顺势从而成就自己。负面地看，股指期货推出后，股市或许更形波动，说不定往后中国市场也可能出现上述美股大跌 1 000 点的类似事件；但对于真正的聪明人来说，那正是四两拨千斤的创富大机会。

人们常说："世界上没有丑女人，只有懒女人。"我老曹则说："世界上没有赚不到钱的投资者，只有懒的投资者。"如果连每天花 15 分钟的投资功课都不愿意做的话，那还是不要玩股票的好。股票市场从来不欢迎被动者，命运从来应由自己掌握。

五大情绪误区

过去我老曹曾经提出投资十诫，要求投资者遵守。唯眼见最近几年，不少人都在投资市场上蒙受损失，可见知道诫条的人虽多，但犯诫的人仍然不少。

知易行难，是人类的性格弱点。在第二章，我们已经谈论过不少行为金融学提出的非理性投资行为。以下则是我老曹凭借自己的经验，观察到的一些投资者失败的原因。我将之归纳为五大情绪误区，盼望有助于大家更好地了解自己，对未来投资或许有点帮助。

首先，大部分的投资者都有拒绝承认错误的心理。即使他们明明知道自己错看市场大方向，继而做出错误决定；即使他们内心充满忧虑，却一再矢口否认，不肯“有怀疑便持有现金”，也不肯采取止损行动，而单纯地奢望明天情况会有所改变。难道承认看错市场方向，真的如此艰难吗?

投资市场从来没有常胜将军。巴菲特虽然是世界首富之一，但其弘扬的价值投资法是不是永恒的真理？在计算机如此普及、信息接近免费的世界里，价值投资者还能有什么真知灼见?

其实每个人都会做出愚蠢的决定，你会错、我会错，甚至格林斯潘、巴菲特亦一样会错。巴菲特在 1991 年的致股东信中，便承认自己过去曾做出不少错误的决定，因而少赚了许多钱。他的投资旗舰伯克希尔·哈撒韦（Berkshire Hathaway）在2006年亦曾投资88亿美元于信用违约掉期（credit default swap），2007年上半年才开始减持，但到了2008年第一季度仍然亏损4.9亿美元，第二季度则亏损1.36亿美元。换言之，世上没人拥有水晶球，你没有，我没有，股神也没有！

知错能改，善莫大焉。我老曹最大的优点，就是勇于认错。在投资的时候，股价一旦由高位回落15%，便应该问问自己到底有没有看错。一旦股价下跌20%，则更应肯定是自己看错了。除止损之外，别无他法。

价值投资法与市场大趋势，是股市内两股经常争斗的势力。前者是评估机器，后者却是投票机器；前者以静制动，后者顺势而为，不是把股价进一步推向偏高，便是把股价进一步推向偏低。

两股势力近年此消彼长，相信趋势的人已逐渐占有压倒性优势，令价值投资者的力量萎缩得很厉害。阁下如选择深信价值投资法，其实并无问题，但同时也不要忘记巴菲特的另一句投资格言："不要输钱。"

我的老前辈、被誉为"股坛大侠"的香植球先生曾说，上午所作的分析，仅上午有效；吃过午饭回来，如果形势有变，大可完全改变决定。这才是以万变应万变的正确态度。

证券经纪的最佳客户，就是那些尝过小小甜头的投资者。因为这些投资者赚过微利后，大部分都以为自己厉害得很，他们会倾尽所有来炒股，直至输光输清为止，成为股票经纪的最佳客户、股票市场的最差投资者。

上午分析 上午有效

第二个常见的情绪误区，就是投资者未能适应市场的迅速变化。

许多时候，投资者经过一轮细心分析后，好不容易才做出一个最初正确的决定。其后遇上形势突变，他们一时间难以适应，无法立即改变自己的看法，结果便只有继续错下去。

我老曹说过无数遍，香港的物业投资者于 1997 年 7 月后面对的是一个全新世界，但有多少人愿意改变自己的看法？如今 13 年已过去，事实已摆在眼前：香港楼价由 1997 年第三季度回落到 2003 年第三季度，时间长达 6 年；2003 年第三季度到 2010 年第一季度已上升 7 年。香港楼价由过去 30 年（1967—1997 年）的反复向上，到 1997 年至今只形成 V 形走势，这个 V 字到今天已经走完，下一步会如何？

同样道理，日本股市投资者在 1990 年后面对的是全新世界；美国投资者于 2007 年以后面对的亦是另一个全新世界，但恋战过去的人还是不计其数。

我的老前辈、被誉为“股坛大侠”的香植球先生曾说过，上午所作的分析，仅上午有效；吃过午饭回来，如果形势有变，大可完全改变决定。这才是以万变应万变的正确态度。

第三个常见的情绪误区，就是短视。

投资者今天出售股份，明天又怕股价不久后便即反弹。又或者他们明知公司长期展望一片黯淡，却仍希望股份短期会反弹。博反弹真的如此重要吗?

2007 年 9 月，汇丰控股正式公布在美国的次贷问题所造成的财务影响，2007 年 10 月中央明言港股直通车未能放行，环球股市混乱一片，已经给中国投资者足够的预警。那时候，上证指数升逾 6 100 点，投资者为什么会错过这样大好的离场时机？当上证指数下跌 15% 至 5 000 多点时，有多少人懂得止损？到 4 800 点时（下跌 20%)，又有多少人不问理由地出售?

至 2008 年初，中国亦陆续有基金经理高调清仓或将旗下的基金清盘，那时候上证指数仍反弹至 5 500 点以上，投资者为何不走？是不是都在猜顶?

到大市进一步下滑，投资者又想等到股市下一次反弹时才减持。结果不少人拖到上证指数跌穿 3 000 点、2 000 点才加入恶性抛售行列。为怕错过短期利益而失去长期利益，忘记长痛不如短痛。

自视过高 愈套愈实

大部分投资者的第四个情绪误区，就是屡犯高估自己、低估对手的毛病。

买股票之前，人人都以为自己选择的投资对象可跑赢大市，结果往往相反。正如我们观赏国际足球赛时，总觉得场内的球员反应慢、动作笨，但到自己上场踢球时，表现却肯定比不上专业球员。99% 的人都倾向于高估自己的能力。

证券经纪的最佳客户，就是那些尝过小小甜头的投资者。因为这些投资者赚过微利后，大部分都以为自己厉害得很，他们会倾尽所有来炒股，直至输光输清为止，成为股票经纪的最佳客户、股票市场的最差投资者。

巴菲特可以不理会市况地投资，但阁下不可以。因为你既非世界首富，亦没有巴菲特的选股大智慧。巴菲特就算投资亏损过亿元，他仍可谈笑风生，但你手里头的现金有限，根本半点都输不起。

1973 年我老曹曾向一位股坛前辈请教："面对投资亏本，如何是好？"他答："亏本便结账。"那时候，我年纪尚轻，以为这个答案未免太过简单。如今已过耳顺之年，我老曹才明白个中真谛。

面对亏损，投资者除了及早离场以免小亏变大亏之外，还可以做什么？君不见 2007 年 10 月那场金融海啸中，全球五大投资银行无一不败北么？难道阁下自觉胜过华尔街的精英？

最后一个情绪误区，就是以过去经验分析未知之事。很多投资者眼见香港房地产市场过往数十年的表现，均以为淡市不出三年，便利用上述分析在 2000 年入市。他们不明白大趋势一旦改变，并非两三年的时间便可扭转过来。

若论历史，谁比主攻研究 1929 年华尔街大危机的美国联邦储备委员会主席伯南克更熟悉？他怎么会不知道政府挽救出错的金融机构，只会延长衰退期而不能解决问题？然而，他仍希望透过干预去改变现实。

1929 年华尔街危机后，美国国内生产总值（GDP）两年内急降 50%，那时在英国的凯恩斯主张需求创造供给，只要政府大量增加开支去填补私人消费及企业投资的减少，经济便可保持繁荣。1933 年，凯恩斯将自己的主张寄给新上台的美国总统罗斯福，并于 1934 年获得接见。不过，凯恩斯的主张到 1937 年才被美国政府采纳并付诸实践，并在第二次世界大战后风行全球，美国 GDP 到 1950 年才重返 1929 年前的水平。20 世纪 70 年代，人们发现上述做法可引发恶性通胀，1980 年开始，凯恩斯理论逐渐被各国政府放弃。

金融海啸过后，全球政府财政赤字达 GDP 的 5.6%，10 倍于危机之前。于是凯恩斯理论又再度盛行，各国政府均借增加借贷去阻止衰退来临。今回结局又如何？

势在何处 路人皆见

世上获得智慧的方法只有三种：最崇高的方法，是透过自己深思熟虑，顿悟出来的；最容易的方法就是透过模仿前人的智慧；最痛苦的方法，则是透过亲身的经验来学习。

世上获得智慧的方法只有三种：最崇高的方法，是透过自己深思熟虑，顿悟出来的；最容易的方法就是透过模仿前人的智慧；最痛苦的方法，则是透过亲身的经验来学习。

你我一众平凡人并无大智慧，便只能趁势而行。

1997 年下半年本人首次踏足上海，那年飞机仍在虹桥机场升降。现时浦东机场所在之处当年仍是烂地一片、沙尘滚滚，到处都是建筑地盘，忙于兴建高架公路。那年，本人看见浦东不少工地上都拉了横幅，上面写着“建设浦东，期以百年”，遂跟开车带我参观浦东的表弟开玩笑说，上海要追上香港，可能需要 100 年。

随着 2003 年女儿回上海工作，本人访沪次数增加。每次重临，我都发现上海改变了不少。今天看来上海要追上香港，并不需要百年，很可能只需要八年。

今时今日，势在何处，已是明显不过的事。可惜很多香港人还未有这个意识。投资者要成为股市智者，必须懂得先知先觉，克服上述五大情绪误区。否则全凭感情、直觉或胡乱猜测来买卖，早晚会出事。请建立一个投资系统，认清市场方向。今天的卫星导航系统，可让波音 747 飞机在雷电交加的晚上仍可安全地在机场升降。在股市，此系统叫“追随趋势”。

不要猜顶或抄底，不要误以为“低价”就等于“值得买入价”，请在趋势形成后加入，趋势完成后退出。趋势是你最好的朋友，不要盲目相信什么大行报告。好的投资通常十分简单、直接、易明，并有事实支持，那些含糊、扭曲或令人困扰的项目通常都暗藏杀机。

赚钱无关阁下的资本多寡。投资者只要让利润往前跑，适时止损，加涨不加跌，便会同意我老曹所说的话：“赚钱容易，蚀本甚难。”

水中游鱼不羡飞鸟

当你发现一箱苹果内有一个烂苹果，你会怎么办？答案显而易见：将那个烂苹果扔掉。那么，为何世上仍有如此多资不抵债的“负资产者”？为什么投资者面对20%的亏损时仍不肯止损，不愿将第一个烂苹果拣出来快快丢掉，非要等到全箱苹果都变烂为止？

经历过20世纪70年代两次投资失败后，我自问比较通晓人性。人类性格中有种“知错而不改”（Law of Perverse Outcomes）的基因，直到最后泥足深陷、不能自拔才后悔。据研究所得，10个投资者中有8个都具有这样的基因，你有没有？请小心。

我老曹经常强调，人一定会犯错，我们不可让小错变成大错。投资市场上最大的敌人并非别人，而是自己性格上的弱点，例如贪胜不知输；明知高风险，却心存侥幸；骄傲不认错、逃避现实而不肯止损；懒惰、不愿做功课、不研究其他可行方法；软弱、易受人唆摆等。

“鱼入水能游，禽上天能飞。”是故我们一定要了解自己的性格，如你拥有鱼儿的性格便请于水中觅食，不要羡慕天空中的飞鸟翱翔；如你拥有鸟儿的性格，那就别往深海潜水！

你不会期望鱼儿能飞，正如你不会娶了西方女子为妻后却希望她伺候公婆、勤俭持家、省吃俭用。明明自己是个贪得无厌的投机者，又何必对自己说谎，扮作无欲无求，假装长线投资？投机就是投机，万一形势有变，就应马上止损，不要将失败的投机美化成“长线投资”。如此想法只是自欺欺人。

金融市场最后谁赢谁输，由性格决定。失败的投资者并非因为投资技巧差，而是性格有缺点。如果你连自己的性格都不了解，或不敢正视自己性格上的问题，如何纠正缺点？又如何投资成功？

见证大时代 处变不惊

很多人以为性格是天生的，非也。每个人的际遇、环境、所处的位置不同，性格亦会因而迥然不同。

人生的经历会影响性格。我老曹在投资战场上从小兵出身，历经 1973—1974 年、1981—1982 年、1989 年、1997 年及 2007 年的股市大崩溃，可说已是能征惯战。如今再见股市大起大跌，我还怕什么千军万马？是故，我可以于 2009 年 4 月建议内地读者及早于牛市第一期买进。你怕？你做不到？因为你未经历过大时代。2009 年 8 月开始，我一再强调牛市一期中的调整市来临，又有多少人听得进耳？

性格是发展出来的。我老曹当然明白“江山易改，本性难移”的道理，但阁下如不肯改变自己性格上种种不利于投资的弱点，那么我也爱莫能助。只有愿意改变性格者，才能改变未来。

世事无绝对，各种性格亦无绝对的好坏之分，只有时机最重要（Timing is everything）。譬如说，性格进取好胜的人往往勇于赚钱，却不懂得如何保存盈利，结果“水过鸭背”，留不住财富。过去有多少投资者赚了不少钱，但最后仍是一无所有？

相反，性格稳健保守的投资者则鲜有霎时冲动，要他们避免犯下大错不难，要他们严守止损亦可以，但要他们承受风险、“不止赚”而让盈利滚下去，却难过登天。不冒点风险，何来世间财？身上无财还谈什么理财？有胆亏本但无胆赚钱的话，实在难以致富。

不过，无论阁下性格如何，是悲观还是乐观，都要承认自己（以及投资顾问）只如常人，分析市况有 50% 的机会对、有 50% 的机会错。投资之时，请答应自己会严守纪律：任何一项投资所涉及的资金，不宜动用超过资本总额的 10%；亏损一旦超过投资资金的 15% 须马上止损（20% 已是容忍极限）。

每个投资者都要接受止损，此乃投资生涯的一部分。只要亏的少、赚的多便没有问题。

不图稳定 接受无常

有人将投资亏损的原因归咎于自己的笨拙愚蠢。其实谁智谁愚，实在难有清晰定义，尤其股市专门收服自命精明的投资者。

“鱼入水能游，禽上天能飞。”是故我们一定要了解自己的性格，如你拥有鱼儿的性格便请于水中觅食，不要羡慕天空中的飞鸟翱翔；如你拥有鸟儿的性格，那就别往深海潜水！

我老曹一早已接受现实，自知没有能力改变股市方向，但有能力控制自己的投资组合，努力将亏损减至最小、将利润放大。本人热爱求知、是非分明，便尽力发挥性格上的优点，不断追求最新的投资知识；但我做事有欠精细，故宁愿捕捉经济与行业大势，绝不强求自己选股能胜人一筹。

我的朋友当中，不少都只是“老老实实”地长期持有香港电灯（00006.HK）、长江实业（00001.HK）或新鸿基地产（00016.HK），亦可以发达。

1967 年我老曹刚毕业第一份工，是在纺织厂学维修纺织机。当时工厂领班经常骂我蠢说我笨，因为我性格好奇又不听话，经常将整部纺织机拆散，之后却不知道如何将之重组。结果在工厂做了 6 个月便转战证券业。今时今日，谁还敢说我蠢？

今天的金融市场已环球化，我们必须对全球趋势有所了解，并且要相信无论市况如何，成功的投资者都必能找到赚钱机会。知所回避、知所进取。何时买入、买卖何股、承担多少风险、何时沽出，以及如何分散投资，操作方面都必须非常专业。

请学习以平常心对待事物，自古成功在尝试，试过后方可练成“旺市不贪、淡市不惊”的性格，知道如何在应进取时进取、应稳健时稳健。

人类性格喜欢稳定，但天地无常、市场无常，因而形成矛盾。我们经常面对创造中的破坏。譬如 20 世纪 80 年代香港制造业北移，对香港经济造成短期破坏。当时有不少人要求香港政府立法阻止制造业北移，幸好香港政府没有理会。正因为香港制造业遭受破坏，香港人凭着冲天干劲、改变环境，让香港服务业创造了更大的繁荣。

著名的神学家尼布尔（Reinhold Niebuhr）教导我们：“以平常心接受不可改变的事物，用勇气去改变自己可改变的一切；以及有智慧知道哪些可改变、哪些不可改变！”

我老曹一早已接受现实，自知没有能力改变股市方向，但有能力控制自己的投资组合，努力将亏损减至最小、将利润放大。本人热爱求知、是非分明，便尽力发挥性格上的优点，不断追求最新的投资知识；但我做事有欠精细，故宁愿捕捉经济与行业大势，绝不强求自己选股能胜人一筹。

经历过金融海啸的洗礼，相信不少投资者都饱受挫折，作为散户除了尽量避开灾难之外，可以做的事其实不多。我老曹希望大家可透过改变自己的想法，在患难中尽量忆记生命中的甜美，多关心家人，注意自己的健康，做一个开心快活人！

散户变身投资泰斗

牛市之中，投资者充满乐观情绪，容易乐极忘形。2007 年环球投资者沉醉于信贷泡沫之中，就好像灰姑娘遇上神仙，将老鼠变成骏马、南瓜变成马车去参加王子的舞会一样。虽然时钟已于 2007 年 10 月 30 日敲响 12 下，但舞会实在太吸引人了，大部分投资者都不愿离开，结果齐齐打回原形。

泡沫带来的虚幻，让投资者分不清自己到底是梦见蝴蝶的庄子，还是梦见庄子的蝴蝶。

一旦熊市来临，市场中又充满哀愁，因为 capitulation（有秩序地投降）并不好受。恐惧的威力往往较贪念大，其摧毁能力往往超乎一般人的估计，财富消失的速度永远快过增加的速度。十年黄金变烂铜，一年时间股票已可变废纸！

2007 年 10 月，我老曹因为担心熊市出现，故手持 70% 的现金、30% 的股票。2008 年底，我手上那 30% 的股票市值下跌三分之二，结果变成手持 90% 的现金、10% 的股票。2009 年初，我老曹又再增持股票至占资产总额的 30%，但到了 9 月，手上的股票已升值逾倍，于是我又再减持股票至只占总资产的 10%。

因我老曹已踏入“输不起”的退休年纪，故投资策略以持盈保泰为主。每逢股市处于低位即增持至 30%，处于高位时则减持至

10%。60 岁或以上的投资者，不妨考虑一下。

市场迷惘 以静制动

过去带动经济增长的“三驾马车”，包括房地产上升、信贷膨胀和消费增加，今天俨然变成带动衰退的“三驾马车”。

说到房地产，美国房地产市场由 2006 年高潮下滑，至 2010 年楼价已回落约 30%。2007 年下半年美国政府透过大幅减息制造虚假需求，2009 年 3 月更透过资金泛滥和提供 8 000 美元置业税务优惠去支持楼价。虽然如此，该国仍有 500 万间房屋被接管，而且有 25% 的业主资不抵债。没有楼价支持下的经济复苏，相信不会长久。

至于信贷，2008 年起则由信贷膨胀期逐渐走向信贷收紧期。如今大量欧美银行倒闭，许多欧洲主权债券无法履行合约，连通用汽车、房利美、房地美及不少大企业皆无法清还负债，令过千亿计美元资产突然消失。一般中小企业又如何获得贷款？

不过，无论阁下性格如何，是悲观还是乐观，都要承认自己（以及投资顾问）只如常人，分析市况有 50% 的机会对、有 50% 的机会错。投资之时，请答应自己会严守纪律：任何一项投资所涉及的资金，不宜动用超过资本总额的 10%；亏损一旦超过投资资金的 15% 须马上止损（20% 已是容忍极限）。

大部分人在赌钱时，只会输死而不会赢死，因为他们往往在赢钱时惊惧退缩，输钱时却赌气不服，毫无策略可言。成功的投资者心态刚好相反，赢钱时不怕赢尽，一旦输钱便自动缩手。

再加上欧美消费收缩，未来企业纯利减少。到底何时才真正见黎明？投资者不要胡乱猜测，请交由市场决定。

各位还记得电影《大白鲨》吗？当人人以为泳滩安全时，大白鲨又突然出现，吓得观众半死。2008 年跌市何尝不是如此？不少人以为上证指数在 4 000 点有支持时，指数却忽然跌至 3 000 点；当大家以为 3 000 点有支持时，又再次失守，甚至跌到 2 000 点以下。最后无人敢下水，沙滩变得冷冷清清，跌势才悄然止住。

投资者于股市自处之道，亦应学习大白鲨行为。股市赢家（一般人称之为“大户”）吃东西是一击即中的，大口大口地饱餐一顿之后，可以久久不再行动。股市输家（一般人称之为“小户”）却俨如小白兔，每每只吃一小口，便四处张望，然后又吃一小口。好不容易把自己养胖之后，便被人家一口吃掉。

不动如山 动如风

成功的投资者必须要具有山的稳健、风的速度，才有机会在股市之内建立财富。凡经仔细分析后所建立的信念，便不易受其他人改变而动摇。平常时候，静如止水；当形势有利时，则攻城略地疾如风。在风高浪急的环境下，我们的投资策略必须做到胆大心细，同时严守纪律。

人类的行为其实相当复杂，有时候我们会透过叛逆来证明自己的存在，肯定自我的价值。有一个笑话是这样的：如果十个工程师共同努力去设计一座桥，这座桥建成之时，一定是最精美、实用及省钱的；如果十个投资专家同时建议买进某只股份或黄金、外汇，你最好朝相反方向走，因为他们的结果一定错！

投资市场实况是否如此？一个上佳的分析员，性格要开放包容，同时亦要保守念固。世间的古旧事物，只要是好的便应保存下来，我们不应盲目地否定过去，但同时亦应该好好接受新的事物。在毋惧与众不同的性格背后，需要不动如山的理据和信念支持，而不是自以为是地“离经叛道”！

中国经济已进入痛苦转型期。过去 30 年劳工密集的工业，以及由经济合作与发展组织国家转向发展中的经济体系道路，已大致完成。换句话说，中国不可再依赖吸引外资投资内地制造业，来保持中国 GDP 每年 8% 以上的增长。

这种情况在 1980 年及 1990 年，分别在香港和台湾出现过。当年香港厂商将 7 万多间工厂搬入内地，本土则全力发展服务业；台湾厂商则因限制投资大陆，结果香港 1984 年至 1997 年经济一片繁荣，台湾经济自 1991 年起便无法再振翅高飞。

事实上，由于实行独生子女政策，内地已面临劳动力不足的问题（农村 40 岁以下及 18 岁以上劳动力，70% 已进入城市工作）。内地劳动力的工资自 2001 年起直线上升，2010 年广东省的工厂甚至要大搞抽奖活动来招工，亦削弱了内地工厂的国际竞争力。至于发展高新科技，还有一段漫漫长路要走，这段青黄不接期能维持多久？这些问题必须尽快解决，否则可能影响中国雄起的势头。

投资泰斗 九大守则

我们既不可食古不化，亦不应随便破旧立新。所谓“三人行，必有我师”，我们出生以后便开始学习生命守则（Rules of Life），大部分来自我们的父母（有其父必有其子），有的从其他人身上学习过来，有的则透过不断尝试和错误去觉悟。只要牢牢记住教训，不重蹈覆辙，我们便可生活愉快。

以下的投资九大守则，由三位投资界泰斗所订下，值得各位学习。如好好遵守善用，保证阁下 60 岁退休时富有。

前三条由股神巴菲特所订。第一，不要亏本。一旦面对亏损，便设法减少损失。我老曹将之改良为“止损不止赚”。

股票市场的设计是将金钱由经常性买卖者手中，转到有耐性的投资者户口中。是故第二条守则，就是平日远离证券行，不要经常出出入入。经常炒卖只惠及阁下的证券经纪，让他多赚取佣金。

第三，巴菲特认为投资者需要的是气质（temperament）而不是知识。所谓“气质”包括独立思考、控制个人情绪、对自己有信心（却并非过分自信）等。我老曹则以“有智慧不如趁势”来演绎这项守则。

第四至第六条守则，由最出色的投机大师加特曼（Dennis Gartman）所订立。第四，投资者要明白“福无双至，祸不单行”。2007 年 8 月的次贷危机后，金融机构至 2010 年还是接二连三地出现问题，证明厨房内永远不会只有一只蟑螂。

第五，牛市中投资者可考虑长线持有，一旦遇上熊市则只宜沽空。由于不是所有投资者都懂得沽空，也不是所有市场都允许沽空，故我老曹认为牛市中不妨站在看好的一方；一旦熊市来临，便持盈保泰为上。

第六，加特曼认为投资者应在基本分析与技术分析同步一致时才入市。用基本分析找出优质股，集中押注，但入市时机则宜用技术分析来决定。

身处劣势 勿赌气

最后三条守则由博弈专家普吉·皮尔逊（Puggy Pearson）订立。他提出，无论在赌场或期指市场，都离不开 20/80 定律，即赢家只占 20%，输家占 80%。

要成为 20% 少数的一员，投资者必须明白“由上而下”（top-down）或“由下而上”（bottom-up）的策略。何谓由上而下？例如

一个上佳的分析员，性格要开放包容，同时亦要保守念固。世间的古旧事物，只要是好的便应保存下来，我们不应盲目地否定过去，但同时亦应该好好接受新的事物。在毋惧与众不同的性格背后，需要不动如山的理据和信念支持，而不是自以为是地“离经叛道”！

所谓“有赌未为输”。损失本金15%何足挂齿？如死守亏本股票而不卖，他朝又如何报仇？故此，当投资亏本之时，阁下无须打电话到电台或电视台问专家，只要记住我老曹的话“亏本计数，控制损失”便好了，不要让损失控制阁下！

2007年10月股市见顶后，投资者应保持看空的立场，直到走势一浪高于一浪为止。何谓由下而上？即股市见底后，投资者便保持看好的展望，直到一浪低于一浪出现为止。

利用皮尔逊的方法，各位以后便不用问我老曹牛市何时开始、熊市何时完结了。

皮尔逊是扑克游戏（Poker）的世界冠军，他认为投资者应学会好好管理金钱。正如赌场之内，没有理由每回都下注。投资者更要限定注码，当形势有利时，我们不妨冒险博尽；但形势不利时，则要懂得投降，投资亦然。

我们要明白风险与回报的关系，不要把自己输不起的钱也拿去赌，不要忘记设定止损沽盘。心态要时刻保持轻松，而不是终日紧张搏杀。

最后一条，就是了解自己、严守纪律，这跟本书《论性》的主旨不谋而合。大部分人在赌钱时，只会输死而不会赢死，因为他们往往在赢钱时惊惧退缩，输钱时却赌气不服，毫无策略可言。成功的投资者心态刚好相反，赢钱时不怕赢尽，一旦输钱便自动缩手。

所谓“有赌未为输”。损失本金15%何足挂齿？如死守亏本股票而不卖，他朝又如何报仇？故此，当投资亏本之时，阁下无须打电话到电台或电视台问专家，只要记住我老曹的话“亏本计数，控制损失”便好了，不要让损失控制阁下！

第四章

龙啊，龙

一个投资者的成败得失，往往是其性格使然。

一个国家的经济特点，亦与其民族性息息相关。欧美民族鼓励冒险创新，视失败为发展过程中的一部分；东方民族则保守顺从，害怕改变。是故欧美股市总是升得快跌得急，日本股市却是缓慢地走下坡，多年不见半点起色。

中华民族曾站在世界文明之巅，但我们不少民族性格，包括处事过分小心谨慎、怕事懦弱、见利忘义等，却会窒碍中国经济适应虚拟时代。如不将以上陋习改掉，不要说超英赶美，恐怕连日本也赶不上。

中国人应学习西方的“基督精神”，摒弃仇富的心；中国父母则应参考犹太人的家庭教育，重新思考何谓“财富继承”；年青人则应及早选择有前途的职业和朋友，奋力向上。

那么，中国才堪称泱泱大国。

欧美日经济问题植根民族性

一个国家的经济特点，很多时候都与其民族性格，甚至宗教信仰有关。各国人民性格不同，他们分析事物的结论各异，因此在国际上担当的角色亦有别。

美国人热爱运动、鼓励冒险、不懂储蓄、对子女放任，结果是成功的美国人可以非常成功，尤其在创新科技领域方面，可以独步全球。反之亦有 20% 左右的美国人一败涂地，理由是父母对子女放任，令他们一事无成，成为社会上的寄生虫。战后至今，美国经济迅速增长，令他们养成喜欢消费、讨厌生产的习惯，今日美国也已成为世界上最大的消费国。此一习性造就日本经济的兴起，从 1980 年开始亦带动了中国的经济繁荣。

面对 20 世纪 90 年代开始的低息环境，美国人自然认为自己应该借钱买房子，尽情消费，致使美国楼价狂升、消费狂热。他们却不想想为何同样面对低利率，日本楼价反而狂跌，消费仍然不振？因为日本人觉得虽然借贷成本低廉，但自己从银行收取存款的利息亦少得可怜，大量消费如何维持？反而变成须省吃俭用过日子。

“新大陆”精神开疆拓土

谈到民族性，我们先说欧美两个“本是同根生”的民族。自1542年哥伦布发现新大陆以后，西班牙大量人口迁入南美洲，并将自身热情奔放（拉丁舞）、好勇斗狠（斗牛）、浪漫不羁（政治散漫）的民族性带到新大陆。

性格本身并没有好坏之分，好勇斗狠的性格如能配合时势，便所向披靡，即是我们常说的“天时、地利、人和”。如此的性格，让西班牙人在15世纪迅速称霸海上；但他们的奔放不羁，却使其在工艺技术方面逊于法国。结果西班牙人从南美洲抢回来的黄金和白银迅速流入法国人的口袋里，也形成了今天拉丁美洲的局面。

反之，北美洲的移民则主要是来自法国、德国和英国的爱尔兰人。欧洲文化自从摆脱罗马教廷的心理枷锁，便进入了文艺复兴时代，西班牙发现新大陆所带来的大量财富，支持了法国的工艺发展。而英国人利用从西班牙和葡萄牙学习到的航海技术，融合法国对工艺品的精湛技术，迅速把原材料运回英国生产轻工业制品，称霸海上，到处占领别国土地，因此引发了工业革命。在生产技术上的领先地位，使英国得以统治半个地球，亦将英国文

一个国家的经济特点，很多时候都与其民族性格，甚至宗教信仰有关。各国人民性格不同，他们分析事物的结论各异，因此在国际上担当的角色亦有别。

东瀛民族处事不会拐弯，面对经济不景气，他们亦只会思考如何把现有的产品做得更好更精良，却不会考虑如何灵活变通和寻找新机会。

化推向全球。

移民北美洲的法国人和德国人，主要是反对罗马教廷而流亡海外的新教徒。爱尔兰人则刚刚相反，他们一直忠于罗马教廷，但英国早于16世纪上半叶就与教廷决裂，因而引发冲突。加上他们赖以维生的马铃薯1845年受真菌感染，致使多年失收。爱尔兰人为逃避大饥荒，纷纷移居北美洲，亦把英国农业带到了北美洲。

要了解美国人的性格不难。他们既具备爱尔兰人踏实淳朴的农民心态，又有英国人的守法精神却没有那种深藏不露的性格，再加上法国人崇尚自由、工艺精巧和德国人精益求精的精神，可谓集三个民族优点之大成。

1900年起欧洲局势不安，导致大量资金和人才从欧洲流向美国，协助美国工业走向繁荣，加上洛克菲勒发明了处理石油的新方法，令原油可以“安全”运送，引发石油工业和汽车工业的兴起，率先进入电气化时代。踏入20世纪，尤其是第二次世界大战以后，美国军力直达全球，亦令美国产品行销全球，逐步成为全球经济领袖。来自海外的财富，渐渐支持美国进入消费社会。1952年至1961年间，美国私人消费只占国内生产总值的5%，到60年代渐渐上升至10%，踏入70年代才迎来高消费期。随着财富的增加，显现盎格鲁－撒克逊（Anglo-Saxon）民族的另一特性，例如“先花未来钱”等也逐步显现，至2007年，美国人的储蓄率更跌至零：过度借贷消费，终于引发全球金融海啸。

千变万变 东瀛不变

日本人的性格是喜欢钻研，他们研究花道及茶道，水平甚至超过中国人。他们对于每一细节都相当考究并代代相传，从而达到最精致的境界，其一丝不苟的精神由此可见一斑。是故日本产品不论是汽车或是电子产品，质量皆能达致世界一流水平。此亦为日本经济能从第二次世界大战后的废墟中迅速崛起的理由。

大和民族拥有“忍者”的性格。1971年，我曾跟日本国家商品期货公司香港区副主席学习技术分析“阴阳烛”的走势。当年这位仁兄发现公司的财政出现问题，我老曹便问他为何不立即通知董事局。他说，日本人认为所有问题都可以随时间的流逝而自动消失，积极纠正问题反而会引起公司及员工之间的不和。这件事充分反映出日本人凡事都束之高阁，而不即时处理的处事性格。结果那间期货公司于1974年破产了。那位日本朋友回国之后，我们也再没有联络。

东瀛民族处事不会拐弯，面对经济不景气，他们亦只会思考如何把现有的产品做得更好更精良，却不会考虑如何灵活变通和寻找新机会。除非拖延到无法忍受、非解决不可的地步才会改变，否则日本人宁愿将问题搁置，保持现状而不考虑改变。

举个例子，大家都知道第二次世界大战早于1945年结束，但其后数十年都有日本皇军在战场的森林里负隅顽抗。1974年，在菲律宾的卢邦岛上，一个名叫小野田宽郎的日本皇军少尉仍在作战。就算人们告诉他战争早已结束，他仍坚持要接获指挥官的命令才愿意投降。

由此观之，只要是上级的命令，日本人便会盲目服从。当1990年后日本经济出现不景气，员工们就算天天回公司只是观天望地，由25岁一直看到55岁，他们也会撑下去，导致日本境内大量“僵尸”公司出现。如果在国外，这些公司早该结业，但在日本，只要公司仍有资金便会继续“撑”下去，员工天天返公司无事可做，成为“望窗一族”（天天看街景，等放工）。东瀛经济自1990年至今依然不振，便是这种性格使然。

日本股市在20世纪90年代初泻之时，他们固然死忍；股市继续下跌，他们也一直咬着牙关忍下去。全世界也只有日本的股市可以跌足20年，牛市却仍然不来临。

1994年我老曹曾往东京一游，发现街上的出租车里很少有乘客，2008年旧地重临，发现东京一切似乎都没有改变。当年住过的酒店仍跟往昔一模一样，服务员的鞠躬角度仍然遵守严格标准；日本的出租车司机仍然穿西装，还是那么干净；东京的百货公司也还是原样，只有东京迪士尼公园一带多了一些建筑物；日本的佛寺更是“千年不变”。此为日本人的优点，但也是缺点。

反观上海，1994年至今天天在变。几个月不见，再去之时又发现变化很大。2010年5月世博会开幕后，变化仍在继续……

欧元区债务沉重

对欧美民族而言，失败只是发展过程中的一部分，是承担风险

(risk-taking)的后果。他们认为这个世界不是成功就是失败，“失败乃成功之母”。整个社会不会看不起失败者，反而会认为他们勇于尝试，精神可嘉。

至于东方民族，尤其是日本人却认为失败就是耻辱。此心态限制了东方人的创新及冒险精神。一件事如果成功或失败的概率各半，美国人会勇于尝试，日本人则宁可不做。这种心态是造成日本经济在过去20年一蹶不振的最大理由，本来应该破产的公司没有破产，结果变成半死不活的“僵尸”公司；应该裁掉的员工不裁，令公司出现不少终日无所事事的冗员；年轻人因害怕失败，连转工亦不敢；投资者买入股票后，即使亏蚀亦盲目死守，不肯止损。以上种种令整个国家的资金被绑，造成日本经济20年不振。

与日本人刚刚相反，欧美股市的熊市一般比较短暂，因为情况一旦对投资者不利，他们便迅速转身而逃。股价不升吗？没问题，一众看好的欧美投资者可实时变成看空，形成股价一旦下挫，跌势往往非常急速。

美国经济自2007年10月起进入去杠杆化时代，到2009年3

这种心态是造成日本经济在过去20年一蹶不振的最大理由，本来应该破产的公司没有破产，结果变成半死不活的“僵尸”公司；应该裁掉的员工不裁，令公司出现不少终日无所事事的冗员；年轻人因害怕失败，连转工亦不敢；投资者买入股票后，即使亏蚀亦盲目死守，不肯止损。以上种种令整个国家的资金被绑，造成日本经济20年不振。

全球经济实力自2000年起已由西方作为引擎转向东方带动，一如1900年起全球经济动力由英国及欧洲转到美国。我老曹估计，到了2025年，金砖四国（包括巴西、印度、俄罗斯和中国）的国内生产总值可占全球的三分之一，与欧美各国加起来平分秋色，甚至有过之而无不及。

月美股已大幅反弹。2009年底欧洲各国所发行的主权债券相继出事，先是希腊主权债券的评级被降，然后是西班牙、葡萄牙、乌克兰、冰岛、波罗的海国家包括爱沙尼亚、拉脱维亚及立陶宛……爱尔兰的情况亦令人担忧。

2009年希腊的财政赤字达国内生产总值的12.7%、爱尔兰为11.7%、西班牙为11.4%、葡萄牙为9.3%，远高于欧元区所制定的以3%为目标极限。欧洲各国的情况跟美国和日本的情况有点不一样，美国国力虽开始走下坡，但美元始终是世界流通货币，美元仍然可以通过发行债券应付财政赤字（虽然亦日渐困难）。而日本经济虽经历多年衰退，但胜在底子雄厚，何况政府所发行的债券主要由日本国人购买，相对来说，依然十分稳健。

希腊正面对削减开支的压力，但由于身为欧盟成员，故不能透过货币贬值手段去刺激经济。不过，其国债数额不大，对国际的影响有限。反而葡萄牙、西班牙那价值两万亿欧元的债券信用评级被降则影响较大，还未计及意大利和爱尔兰。

欧洲诸国这次能否化解危机？西班牙能否在3年内将财政赤字降至只占国内生产总值的3%，其他欧元区成员国能否解决问题？这一切都还是未知数。

德国一枝独秀

环顾整个欧元区，仍具有经济实力的国家，好像就只有德国。

第二次世界大战以后，联邦德国经济一直享有高增长及低通胀的优势，令其人民享受到全欧洲最高的生活水平。1989 年两德统一后，导致大量低技术的民主德国劳动力失业，只有依赖联邦德国政府所提供的福利金生活。21 年后的今天，新一代民主德国青年已经长大成人，他们都受过良好教育，正在通过自己的努力，逐步恢复整个德国的竞争力。

今年德国政府财赤字估计只占 GDP 的 4.6%，较所有经济合作与发展组织国家低！2008/2009 年度（6 月 30 日止）德国收支盈余 1 794 亿美元，相当于该年度 GDP 的 4%；加之德国人的储蓄率高达 12.8%（今年美国人只有 4%，2007 年更接近零），德国经济更会趋于平稳。

从现在的情况来看，德国的经济比美国正常很多。德国的储蓄率达 12.8%，为全欧洲之首；自住物业比率只有 43%，属全欧洲比率最低的国家之一。因为在德国置业，银行一般要求买家先付楼价的 50%，加上业主提升租金困难重重，令大部分德国年轻人对置业一事都无甚兴趣。从德国的情况来看，政府不应该协助年轻人置业，因为太多家庭拥有自住物业反令经济陷入低增长。

单凭德国一国之力，能否挽欧盟狂澜于既倒？英法两国已自顾不暇，又如何拯救其他成员国？

作为投资者，我们应有两手准备，以最乐观的心态去展望及应付最恶劣的环境。欧洲过去以生产及出口高质量产品为主，但今天此市场的竞争对手众多，包括日本和韩国，将来中国亦或许分一杯囊，令欧洲品牌的地位受到有史以来最大的挑战。未来欧洲人将进入节衣缩食及提高储蓄率时期，如此方能渡过难关。

正如拙作《论势》所言，全球经济实力自 2000 年起已由西方作为引擎转向东方带动，一如 1900 年起全球经济动力由英国及欧洲转到美国。我老曹估计，到了 2025 年，金砖四国（包括巴西、印度、俄罗斯和中国）的国内生产总值可占全球的三分之一，与欧美各国加起来平分秋色，甚至有过之而无不及。

君不见继 2008 年北京主办奥运会之后，巴西的里约热内卢亦击败美国芝加哥、西班牙马德里和日本东京取得 2016 年的奥运会主办权吗？此起彼落的大势，难道还不够明显？

“丑陋的中国人”曹氏版

中国人的性格跟西方人的差异颇大。

西方人那种浪漫不羁、热情奔放、崇尚自由、富冒险精神，以及先花未来钱的性格，在中国人的传统价值观中均遭受压抑。中国人强调含蓄内敛、老成持重，古时女人连笑都不敢露齿。儒家文化强调克己复礼，连婚姻都须有“父母之命，媒妁之言”，私通更是死罪，自由恋爱在中国是近 50 年才出现的事。

西方人尊重法律，中国人却只讲“皇法”，即天子一句话就是法律，父母一句话就是家规，凡事均讲服从。中国多山，耕地甚少，过去必须克勤克俭才能饱餐，故又养成其勤奋刻苦的性格，以及积谷防饥的心态。

上述性格在农业社会时代极为适合经济发展，令中国在汉代及唐朝出现盛世。当世界经济发展模式进入工业化时代之后，这种对土地、家国的情结反而阻碍通商交流，抑制了经济发展。

西方人重商，认为政府应协助商人打开海外市场。中国人却认为“万般皆下品，唯有读书高”，因为书读得好便能当官；反之，认为当商贾货郎则无一不“奸”。当西方人民投入工业生产，西方知识分子强调工业革新、农业革新、军事革新之时，大部分中国人却仍过着“日出而作，日落而息”的小农经济生活，中国的知识分上述性格在农业社会时代极为适合经济发展，令中国在汉代及唐朝出现盛世。当世界经济发展模式进入工业化时代之后，这种对土地、家国的情结反而阻碍通商交流，抑制了经济发展。

子以取得功名为人生目标，视琴、棋、书、画为逸事。结果英国以坚船利炮发动鸦片战争，终将中国的通商大门打开，从此外商赚尽中国人的钱，令中国人陷入百年苦难。

直至 1978 年，中国才出现翻天覆地的改变。邓小平提出的改革开放政策，让中国人正式面向世界。国有企业透过在国内外上市集资，摇身一变成为官商合一的企业。中国人以往的缺点，忽然变成优点。这些上市企业既受国策扶持，又受到市场及小股东的监管，如其盈利增长不前，自然会反映在股价上，结果产生巨大威力。例如在这次金融海啸中，A 股成为第一个重新站起来的市场，但在 2009 年 8 月，中国也成为第一个实施退市的国家。

宁为瓦全 不为玉碎

性格与社会发展究竟是何种关系？这始终是个有趣的话题。多年前，中国学者就提出过“蓝色文明”和“黄色文明”的概念，主要论点是，与欧洲、美国等靠近海洋的国家和地区相比，中国广大国土面积属于内陆，形成中国人稳健、保守的性格特征。

在我看来，这个观点虽有一定道理，但远不能描绘清楚中国人相对复杂的性格特征。而这种复杂性，在股票市场更有非常生动的表现。

2007 年 10 月，面对 A 股超级大熊市时，很多中国人忽然变成集日本人和美国人的性格于一身，结果以惨败收场。股市最初下跌 15% 时，中国人一味跟随日本人扮演“忍者”；直到跌幅扩大至 60%，甚至 70%，他们却又忽然化身成为美国人，齐齐转身而逃。

炎黄子孙爱说“宁为玉碎，不为瓦全”，这正反映了中国人性格中的弱点。在战场上，胸口写个“勇”字是没用的。战场上勇气并不重要，讲求的是作战策略，投资亦然。请收回你的勇气！子弹来袭时，你应该懂得找个掩护藏身之所，而非把我们的血肉筑成长城去迎接子弹。人体的血肉是挡不住敌人的炮火的。

就算阁下是消防队队长，亦必须在自己安全的情况下才可冲入火海救人。盲目地奋不顾身，不但害死自己，亦会害死跟随你的同僚。你死后你的妻儿未来日子怎么过？你的父母痛失爱儿又怎么办？请审时度势，不要做无谓的牺牲，匹夫之勇实在不应该鼓励。懂得装死的老兵永远不会死，我们应该多多学习“宁为瓦全，不为玉碎”的精神！

中国的散户胜在人多、力量庞大，但他们无组织、无纪律，性格犹如清兵（有勇无谋）。当人家一炮打过来，散户便个个血肉模糊、死伤枕藉。

回想 1973 年香港人面对第一个超级大熊市，股市上所有傻瓜一下子被逐出局。原先身家百万的人，到了 1974 年可能只剩下三数万元。这犹如武侠小说里的人物自挑其筋、武功尽废；以后他们的想法如何、行动如何，已无关大局了。因为他们已被淘汰出局。

同样地，2007 年 11 月至 2008 年 10 月，A 股市场有多少人没有及时止损离场？有多少人能严守平日挂在嘴边的纪律？有多少人明白“不懂的东西不玩”的道理？甚至连执行“三七分”（只将30% 的资金投入市场）者亦极少。股灾之后，这批人如何想已不重要，因为他们早已五劳七伤了。

A 股下滑初期，成交量未见萎缩，我老曹那时已心知不妙，新一轮的“挑筋大行动”正在上演。2008 年 3 月，本人接受内地报章访问时曾说：“我老曹敢保证，今日高呼‘死了都不卖’的中国散户，最终还是会把手上的股份卖掉。”何以见得？因为本人太了解中国人的民族性格了。

日本人说不卖，便是真的不卖；中国人则不然，嘴里说要勇往直前，但眼见形势不对，便即争相走避，自己人踩死自己人。2008 年下半年 A 股市场大跌，证实我所言非虚。有人问我感受如何？坦白说，眼见同胞财富在金融市场化为乌有，实在心感无奈，因此决定把自己所学的东西写下来，并以简体字出版，希望提点同胞不要再“输”。

成与败之不能承受

我在上一本著作《论战》中，曾盛赞英国人深谙审时度势、保存实力之道。最佳例证莫过于敦刻尔克一役，英国人连撤退逃命也能秩序井然，使人不得不服。我们的投资态度亦应如是，每遇股市暴跌，便应暂时离场，保存实力，日后方能卷土重来。今天香港人已学懂“退一步海阔天空”的道理，相信内地人亦很快会明白散兵游勇没有用。

中国人是不可以打败仗的。中华民族前进时慷慨激昂；一旦撤退，却风声鹤唳。有多少人明白有秩序撤退的重要性？有多少人明白“小退”以保存实力，才能有谋求东山再起的机会？

读过历史的人都知道，公元383年，北方的前秦欲灭南方的东晋，会战于淝水。由于双方军队太靠近淝水两岸，无法于陆地上交锋，晋军遂派出说客要求对方稍微后退。前秦的苻坚自恃坐拥投鞭可断流的百万大军，竟真的下令后撤。由于军队人数过多，后方误以为是前方败退，结果一退不可收拾，兵败如山倒，沿途风声鹤唳，溃不成军。

一场金融海啸后，让很多中国人找到了当“老大”的感觉，也有人不能承受这突如其来的成功，变得沾沾自喜。我听内地朋友谈过，金融海啸后，不少官员和国企领导对前来拜访的外国人态度发生巨变，俨然觉得中国是世界经济的拯救者；更有个故事说，一位生活艰难、靠在街边卖茶叶蛋为生的中国老太太，说自己比美国的老太太幸福，因为美国老太太连可卖的鸡蛋都没有！

中国老太太对美国老太太“水深火热”的生活状态，应该来自中国媒体的渲染。忘记美国经济虽然开始走下坡，但美国国民生产力仍占全球的25%；中国经济虽然是朝阳，但目前占全球生产力的比重仍不足9%。

炎黄子孙爱说“宁为玉碎，不为瓦全”，这正反映了中国人性格中的弱点。在战场上，胸口写个“勇”字是没用的。战场上勇气并不重要，讲求的是作战策略，投资亦然。请收回你的勇气！子弹来袭时，你应该懂得找个掩护藏身之所。

中华民族虽有很多优点值得保留，但我们不能故步自封、夜郎自大，而应该睁大眼睛，反省自身的劣根性，谦虚地向其他国家、民族学习，吸收别人的优点，否则不要常说超英赶美，恐怕最后连日本也追不上。

2008 年 8 月，北京奥运会圆满闭幕；2010 年 5 月，上海世博会又接着开幕。我老曹为中国感到由衷高兴之余，也有点儿暗自担心国民情绪由自豪转成自大，有少许成就便以为天下无敌，然后头脑又开始发热。记得 20 世纪 80 年代，在一个场合上和初次相识的朋友谈及投资策略而获得他的认同。这位朋友决定请本人做他的私人投资顾问，本人自然满心欢喜地问他愿付多少钱？他说 100 万元。当时年薪 100 万元对本人相当具有吸引力。正当我打算回报馆辞职以履行年薪百万元的新职位之际，我本着做事一向小心的态度，问他何时起计薪金？他却十分错愕地问什么薪金。原来他全部家财只有 100 万元，只是决定交 100 万元给本人代为投资，而非每年付我 100 万元薪水！本人瞬即从云端跌回地面，才开始明白“气粗”的人不一定“财大”。

今天美国人均年收入为 38 000 美元，中国人均年收入连 2 800 美元都未达到，我们有什么可以骄傲的？日本经过 20 年衰退期，日本人均年收入仍有 34 000 美元，中国人经过 30 年繁荣期，同美国、欧洲、日本等国家相比较，差距还十分大。

中国人何时才能学会“胜不骄、败不馁”的性格，用平常心对待成功以及失败？这份平常心万分重要，不然不胜已骄，大战必败！拿破仑、希特勒等人打了几场胜仗便以为自己战无不胜，最后均以大败收场。

改掉劣根性

从领土上来说，我们是泱泱大国；但从经济角度看，我们只是一个大量供应价廉物美产品的世界加工厂，一个对外贸易极不平衡的经济弱国。中国从外贸中赚到的巨额盈余来自劳动人民的血汗，不应只用来投资美国债券，而应好好投资消费。今天，中国的问题是投资集中在不产生纯利的项目上、消费不振、储蓄率过高，形成经济过分依赖出口拉动的局面。一旦出口不振，则衰退随时出现，内需市场仍处于起步点，第三产业只占国民经济的 39.3%（美国占 78.2%）。

中国人处世过分小心谨慎，认为“勤有功，戏无益”。在父母长辈的处处保护下，新一代已失去冒险精神。说得好听点，他们是恭顺安分、老成持重；事实却是怕事懦弱、未老先颓，或者变成小霸王在父母面前趾高气扬，一旦面对强敌却只会躲在母亲身后。

中国人时常把诚信挂在嘴边，许多时候却见利忘义；自恃有点小聪明而不愿研究创新；只知崇洋，内部却“鬼打鬼”。2008 年的毒奶粉事件，便是其中一个例子，中国人的诚信去哪里了？

美国今天“经济一哥”的地位岌岌可危，皆因世人对他们的诚信（credibility）信心动摇，但美元依然是国际交易的主要结算货币，说明大家只是信心动摇而非彻底不信。反观中国的毒奶粉事件，却不是信心动摇而是信心崩溃，情况较美国严重许多。

中华民族虽有很多优点值得保留，但我们不能故步自封、夜郎自大，而应该睁大眼睛，反省自身的劣根性，谦虚地向其他国家、民族学习，吸收别人的优点，否则不要常说超英赶美，恐怕最后连日本也追不上，甚至在未来国际经济三分天下的情况下，中国将成为最弱的一环，无力与欧盟、美国分庭抗礼。一旦欧美联手，中国崛起的美梦，则又将无限期推迟。

中国式信仰太实用

我老曹经常强调，人生的许多成败得失，大部分是由性格而不是命运决定的。股市内最大的敌人不是别人，而是自己。改造自己的性格，便可以改变自己的命运；除掉民族的劣根性，更可影响国运。

我老曹觉得，中华民族跟其他民族最大的差别是：中国人没有真正的信仰。阁下可能会问：周遭寺庙香火鼎盛，怎能说我们没有宗教信仰？怎能说我们不敬天畏人？

唯细心想想，中国人虽然求神拜佛，但心底里其实并非真的信佛。他们拜观音是为了求财求子，拜黄大仙则希望他有求必应，保佑自己能升官发财，保佑子女学业猛进。

中国人向观音借富求子，反映了他们对佛家思想毫不了解。什么是观音？所谓观世音菩萨，其性格大慈大悲、观察众生疾苦并提供援助。使众人离苦得乐的菩萨又怎会成为送子借富的观音？所以我说，一般中国人相信佛教却不懂佛学。

黄大仙又是谁？黄大仙是个 8 岁牧羊、15 岁得道、无为清静、寡欲不争的道家仙人。中国人事事求他，还说什么灵验的话便烧猪还神，其实就是“行贿”，希望用元宝蜡烛换取金银珠宝。许多拜黄大仙的善信，连黄大仙是谁也未弄清。此外，我们还向所有牛鬼蛇神行贿，例如每年答谢灶君（实为行贿），以免他在天廷搬弄是非。我们连牛头马面也拜，所以我说中国人不懂道教。

佛家教人乐善好施，道家提倡济世利物、齐同慈爱，为什么我们半点都学不到？反观西方人对天主教、基督教的态度，甚至阿拉伯人对伊斯兰教的态度，都较我们正确许多。他们不会叫圣母送子，亦不会叫真神阿拉让自己中彩票。

在中国传说中，既有神与神之间的争执（佛争一炷香），又有齐天大圣大闹天廷。看来仙界较凡间更烦更乱，连神仙都贪赃枉法，怪不得中国社会有如此多的贪官污吏。

自主命运 常怀感恩

我不是要传道，但西方的宗教文化强调“基督精神”（christianity），的确值得我们学习。

耶稣说：“给一杯凉水、一点食物予穷人，就是服侍神。”西方社会甚至伊斯兰国家都不厌弃贫者，因为宗教让人们有所反思：大家既是弟兄姊妹，就应该互相帮助。

我们姑且不从宗教层面讨论基督精神，其实孔孟学说一早亦教我们要“老吾老以及人之老，幼吾幼以及人之幼”“四海之内皆兄弟”，偏偏中国人性格却是“憎人富贵厌人贫”。

这种受尽别人歧视的贫穷滋味，我老曹少时早已尝透；自己最初成家立室之时，太太亦有过担心本人“饿死老婆瘟臭屋”的日子。唯经过逾40年的努力，现在已成功脱离贫穷，并有能力帮助别人。（否则大家无须看我老曹的文章！）

事实上，在下教人投资，是希望低下阶层不要有仇富心态。我用自己现身说法，希望大家以本人为样板，说明现今社会单凭个人努力与有限资金，也可以创富。即便自己这一代未能将贫穷的生活完全扭转过来，也希望不要遗传下去；假若连下一代亦是贫穷，这个社会就没有希望了。

同样地，我老曹亦希望各位不要看轻或嫌弃穷人。所谓“朝为田舍郎，暮登天子堂，将相本无种，男儿（女儿）当自强”。现今中国社会充满机会，低下阶层可通过自己努力工作，来分享经济繁荣的果实；只要努力读书，更可改变整个家庭的命运，由贫穷阶层变成中产；再努力一点，更有机会成为社会上20%的高收入人士。

李嘉诚当年何尝不是个来自潮汕的穷家小子？他发达后对社会的贡献，今天大家有目共睹，所以千万别看不起任何人。

转念一想，李嘉诚如果生于沙漠，又能否有今日的成功事业？不可能吧！是故当我们生活逐渐改善，到我们有余力的时候，便应怀着感恩的心，去扶助社会上的穷苦弱小，回馈社会一直赋予我们的机会和资源，让我们达致个人的成功。

这就是基督精神的体现。将自己10%，20%甚至30%财富拿出来，与别人共享。独乐不如众乐，令别人欢笑才是人生一大享受。

现今中国社会充满机会，低下阶层可通过自己努力工作，来分享经济繁荣的果实；只要努力读书，更可改变整个家庭的命运，由贫穷阶层变成中产；再努力一点，更有机会成为社会上20%的高收入人士。

发财，百分之百是好事。我老曹一向鼓励大家“发财”，但君子爱财，取之有道，不能巧取豪夺。我老曹更大力鼓励大家“贪心”，但要贪得其所，不贪污、不犯法、不坑蒙拐骗，更不能贪胜不知输。

贪心爱财 值得鼓励

我老曹相信，性格 30% 是天生的，30% 是后天因素，40% 在于自己的“一念”之间。如过分强调先天，便变成宿命论了。如果真的是“落地哭三声，好丑命生成”，那么我们天天求神问卜好了，又何须努力经营自己的一生？

我的父母于 1951 年由上海移居香港，那时候我们虽然家贫，却常怀希望。我和弟弟均努力读书，成绩又好，双亲认为我俩将来一定会出人头地。事实上，在母亲的鼓励下，我和弟弟（他是哈佛大学院士，现为香港大学教授）的确摆脱了贫穷的命运，亦改变了自己的命运。

想当年移居香港的上海家庭又何止我曹氏一家？今天他们有些人飞黄腾达，有些人继续为生活营营役役。为何有如此差别？我觉得差异就在于想法不同。积极的人，懂得改变自己安分守己的心态，勇敢接受生活的挑战，去适应新生活，并把握机会，追求财富和成功。

20 世纪 70 年代，我每逢过年必挂上“恭喜发财”的春联。有朋友认为我财迷心窍，但本人觉得“发财”本质没什么不好。

1978年内地宣布改革开放，翌年春节跟一些来香港访问的内地官员拜年说“恭喜发财”。他们大部分都紧皱眉头，回敬我一句“身体健康”，可见当时在内地，“恭喜发财”不属于流行的新年吉利话。相信到了今天已无这种忌讳。

发财，百分之百是好事。我老曹一向鼓励大家“发财”，但君子爱财，取之有道，不能巧取豪夺。我老曹更大力鼓励大家“贪心”，但要贪得其所，不贪污、不犯法、不坑蒙拐骗，更不能贪胜不知输。因为贪心是推动社会进步的原动力。如本人不贪心，20年前便已退休了。

现代经济体系已进入虚拟时代，中国人不但要摆脱过往农业社会的心态，亦不能受工业时代的想法束缚。我们要创造财富，不应只靠生产东西，也要靠产品设计、市场推广、质量控制、专利保护，以及品牌建立即所谓的创意！我们要让产品和服务增值，同样不能只靠买房购地，也可以利用投资股票、债券等其他金融工具，以至建设网络等虚拟资产迎接虚拟时代的来临，强调“创意”而非“勤力”。

培养民族的创新能力

1978年邓小平推行改革开放的经济政策，“让一部分人先富起来”，在经济发展初期，此策略是对的。但长期而言则应该让更多的人共享繁荣，不然就不是有中国特色的市场经济了，这是值得我们深思的问题。

过去30年，中国社会成功地从农业社会步入工业时代，严格来说，却并未真正进入商业社会或称“后工业时代”。试想想过去有哪一样风靡全球的新产品是由中国人创造的？这些产品可能是中国制造，却不是中国设计的。

过去 100 年，有多少专利技术是由中国人发明的？答案是少之又少，占全球总发明不足 1%，但中国人占全球人口的 20%。

中国的经济发展正在由“实”进“虚”，由粗放型走向精细型，由工业出口带动转为内部消费带动的商业社会，由出口大国变成消费大国。政府不但要协助商人开拓市场，更要扩大内需，包括改革户籍问题和社会保障制度，关注贫富悬殊问题，以建立一个公平、公正及公开的社会，这才堪称泱泱大国。

如何让内地的中产阶级日益壮大，以拉近贫富的距离，将是未来面临的一大挑战。我们不必学习美国、日本等国穷民富的社会，但应如中国香港社会一样，政府富有，人民亦不穷。

尽量交际 减少应酬

反省中华民族劣根性的同时，亦不要忘记提升个人修为。西谚有云：“Birds of the same feather, flock together.”亦即中国人所谓的“近朱者赤，近墨者黑”。

记得1969年，有位读书成痴的朋友送了一本《投资百科全书》给我。既然是免费赠书，我老曹不妨一读，读毕发现有关知识原来颇为实用，遂逐渐养成阅读的习惯，自此成为爱书人。不过本人独沽一味，只爱看有关投资学的书籍。

我老曹对投资书籍非常着迷。记得第一次与太太同游美国，主要参观景点便是纽约证券交易所。其余时间我都拉着太太泡在书店里面，而且满载而归，最后要应急多买两个皮箱，用来放我的“战利品”。大家都知道拖着两箱书籍旅游有多麻烦。我们两个人出发时只带了两件行李，途中却要拖着四件大行李四处跑，其中两箱更是重达几十磅的书籍，真是让人笑话。

难怪太太总是批评我说：“在投资方面，你是奇才；投资以外的事，你是个大笨蛋！”

是的，我的人生都是围绕着投资世界。我在报馆里工作数十年，天天撰写的都是有关投资的事情；闲来看书也是投资方面的书；出国旅游，留意的也是其他国家的经济状况，潜意识里总是想发掘投

是故与较自己高一点层次的人士交往，建立深厚的友谊，我们便能在社会的阶梯上拾级而行，一步一步往上走，与好友一起进步。我步步高升的同时，他亦蒸蒸日上，制造一个良性循环。

资机会。连我所结交的朋友，到了今天大部分都是金融界的精英。

回首看来，过去认识的朋友而今几乎粒粒皆星，朋友甲是“投资大师”，朋友乙被誉为“金融奇才”，然后朋友丙、丁、戊是“股坛教父”“打工皇帝”“金融界才子”……作为他们身边的好友，难道我老曹还不在金融界精英之列吗？原来真的是物以类聚，大家兴趣一样，所以才能聚在一起。可惜我老曹亦难免有身为中国人的劣根性，常因自卑而不愿高攀当年的名人。其实不少名人都十分和蔼可亲，并不拒人于千里之外，只因自己当年的自卑而错失了认识他们的机会，现在想来总觉遗憾。

原来我们认识什么样的人、跟什么朋友交往，往往会影响我们将来成为什么样的人。因为我们早晚会成为其中的一分子。如果你有幸认识到刘备，那么你也可能成为关公或张飞。

互谅互让互利

交朋结友，不是为了闲来消遣做伴，每次见面不是去包厢唱KTV，就是逛街购物，或是围坐在一起喝酒、发牢骚、“斗地主”。真正的朋友可分为两种：一种是可以结成共同努力的伙伴。因为人生路途崎岖难行，如有志同道合的朋友同行，便会不惧艰辛痛苦。另一种则是可以互补不足、互相挑战对方思维的人。两者都是对自己的事业大有帮助的人。

认识杰出人士，不是为了神聊、拉关系或希望别人提携，更不是为了得到什么好处和特殊待遇。

杰出人士之所以“杰出”，总有其值得让人学习的地方，他们要不是脑袋特别灵光，便是特别擅长处理人际关系，懂得利用自己的交际圈子，让自己的事业做得特别成功。是故与较自己高一点层次的人士交往，建立深厚的友谊，我们便能在社会的阶梯上拾级而行，一步一步往上走，与好友一起进步。我步步高升的同时，他亦蒸蒸日上，制造一个良性循环。

中国人经常自卑自贬，说什么自己高攀不起别人，我老曹却最赞成大家尝试“高攀”。言下之意，并非劝阁下利用朋友的成就来为自己脸上贴金，而是要达致“互利”。阁下帮助朋友的同时，亦希望朋友有一天能帮助自己。

1990 年，我老曹经一众香港富家子弟的介绍，认识了一位英国投资界名人。当时，这位投资名人断言，日本股市调整只需三年便否极泰来；我却预计东瀛至少运滞16年。大家为此争论到面红耳赤，对方甚至说要在酒店会议厅摆下擂台阵，跟我公开辩论，一分高下。

要我据理力争，本来没有什么问题，但对方指定要用English发言。英语是其母语，就算真理在我那一方，如用对方语言辩论，我自然处于劣势，所以被我拒绝了。

其实亚洲的问题，有谁比亚洲人更加了解？后来事实证明，日本股市终未能于三年内起死回生，这位投资名人从此对我心折诚服，其后不时与我交流想法，因而建立了深厚的友谊。

从他身上，我学会了分析英国的经济状况，故于 1995 年、1996 年、1997 年大举投资英国房地产，并于 2006 年、2007 年、2008 年离场，当中的分析部分就是受了他的影响。凭借一个交情，我赚了超过 100 万英镑的利润。这就是交朋结友的好处。

天才亦有攀附时

这位英国朋友有我作为其谋士军师，目前乃是彼邦的中国问题专家，游刃于 A 股市场；而我评论英美市场的时候，亦有赖他在背后发功。

所谓“在家靠父母，出外靠朋友”。一个人成功与否，70% 在于其人际网络。近年来网络盛行，培养了一班年轻的“御宅族”，他们通过网络可以满足各项需要，但在我看来，他们独独缺少了作为人的最大快乐，那就是人与人之间的交流和友谊。

已故“航运大王”包玉刚爵士的成功，正是因为他相识满天下。“全球华裔首富”李嘉诚未发迹的时候，一样要千方百计地去认识汇丰银行的高层。当年如果没有汇丰银行执行主席沈弼（Michael Sandberg）的支持，李嘉诚何来巨资让他购得和记黄埔（00013.HK），然后极速发展？攀龙附凤，有何问题？即使人家不想认识你，但你想认识人家，又何妨“交际”一下？ 很多成功人士和富豪其实并不介意多交朋友。阁下觉得人家高高在上，只不过是自己的自卑心作祟。就算有些人真的避开你又如何？世上高人何其多，你另找目标就是了。

平日有事没事，应多给事业有成的朋友打电话，彼此交流对世事的看法。聊多了便自然成为好朋友，甚至可以促膝谈心，建立跨越一生的友情。

反过来说，对于人家想认识你但你没有兴趣的，“应酬”一下也无妨。不过要恪守原则，那就是一次起、两次止，第三次便应该谢绝。跟猪朋狗友一起，无疑是快乐的，不过还是少见为妙，因为猪肉吃得太多，后遗症甚多；狗肉更几乎是全球禁吃的，包括今日的中国。

“尽量交际，减少应酬”说来虽有点市侩，但人的确很容易受朋辈影响。如果身边人皆玩世不恭，心智犹如小孩一样，自己也难免习染这种脾性。

交友应买增长股

交友之道，其实跟选股一样。一只股份如果表现十年如一日，即香港人所说的“死狗股”，我们为何还要继续持有？买股当然要买增长股、超级巨星、明日新星。交友的道理亦然。

假若容祖儿、陈奕迅是股份的话，我肯定会于他们尚未大红大紫之前便押下重注。有幸遇上“他朝定非池中物”的青年才俊，又

交友之道，其实跟选股一样。一只股份如果表现十年如一日，即香港人所说的“死狗股”，我们为何还要继续持有？买股当然要买增长股、超级巨星、明日新星。交友的道理亦然。

我老曹亦难免有身为中国人的劣根性，常因自卑而不愿高攀当年的名人。其实不少名人都十分和蔼可亲，并不拒人于千里之外，只因自己当年的自卑而错失认识他们的机会，现在想来总觉遗憾。

何妨交际一下？至于十年如一日的朋友，少见点面又如何？

2007 年一次偶然的机会，我重遇 1967 年刚离校在工厂工作时所认识的一位朋友。其后这位朋友又牵头策划，再找回几位当年彼此都认识的旧朋友相聚，吃喝一番。

第一次聚会，自己心里的确颇为高兴。多年不见的朋友竟然在街上重遇，你说是多好的事？不过兴奋过后，我老曹发现他们的谈话内容，不离批评自己老板有多刻薄无能，或是围绕娱乐圈的八卦新闻，然后就是相约一起去打麻将。我没有兴趣听别人批评老板的不是，亦对炒作的娱乐新闻兴趣不大，在跟他们第二次见面时，已暗暗觉得沉闷乏味。

到第三次聚会，因为我不懂打麻将，所以只能静静地坐在一旁观战，看得我呵欠连连。终于，我忍不住跟自己发誓说“到此为止”。既然彼此关心的事物不同，便不必勉强下去。人生有时的确颇无奈。

有人说，旧友如酒，愈老愈醇。我却说，朋友不分新旧，只分良师益友，还是酒肉之交。我承认，大部分长存的友谊都发生在 30 岁之前，不是说 30 岁之后不可能找到知己，但新知总不及旧友般可以毫无芥蒂地说真心话。所以年轻人要及早决定与谁做好朋友。

通财易失义

中国读书人常言“朋友有通财之义”。坦白说，对此我是极其反对的。

尤其那些平日甚少联络的朋友，有天突然致电问候，通常都是有事相求。“无事不登三宝殿”，如非有事相求，难道找你叙旧？不要太天真太傻啦！

试过一次，我老曹偶然重遇一位读书年代认识的朋友。他跟我说：“老曹，听说你混得不错。”

“怎么了，当了我的读者吗？”我狐疑地说。

“没什么，我的儿子要离婚，然后又……”

“不用多说，需要多少？”我直截了当地问，他却忸怩地说：“这阵子自己手头紧绌得很。”

“20 万元？”换来一阵沉默，我只好再问：“30 万元？”

最后他终于说道：“唉，坦白告诉你好了。我儿子离婚，女方要求赔 35 万元赡养费。总之无论如何，我有生之年，一定会偿还给你的。”

“有生之年”？我老曹提醒大家，在决定借钱给朋友之前，最好不要奢望有归还之日，更须有失去这位朋友的心理准备。

上述是经验之谈。我父亲在世的时候，经常盲目借钱帮朋友，结果把别人的问题变成自己家庭的财务问题。在先母的怪责下，先父天天喝酒，借醉逃避问题。先母面对家里盎中无斗米储的窘境，曾心痛地说：“假如可以重新选择，我宁愿当你的朋友，而不做你的老婆！”

我当然明白人家如非有困难，也不会轻易向朋友借钱，更不会一开始便打算失信不还。但对本人而言，没有什么事情比照顾妻儿更重要。朋友要帮忙，我们也要视乎自己的能力去帮，因为朋友之间并没有通财之义。

我老曹于社会做事逾 40 年，当然遇过有朋友说要借钱周转一下，包括有朋友试过用一张未到期支票，要求跟我换一张能实时拿钱的支票。结果如何？大家都想象得到，那张支票到期时根本无法兑现。幸好我老曹一早已有心理准备，把那张退回来的支票撕掉便算了。对方或许并非故意骗我，而只是运气、际遇不及我老曹而已。

我老曹认为，如果借款银码不太大，自己负担得起，就算是帮朋友的代价吧！如果像我父亲，家中无半斗米却仍借钱给别人，则属无谓。

西方有句话说得好："When money goes out the door, friendship flies out of the window!"（借钱给朋友，很多时候钱财一出门，彼此的友谊便画上了句号。）我的一生中也不知试过多少次，与借了我钱的朋友老死不相往来，以免大家见面时不好意思。

好友曾好言相劝，说我太容易相信别人。现代社会不知何故，人与人之间的信任荡然无存，例如老板对自己太好、员工努力工作、政府提供福利，都认为背后有阴谋。由老婆、子女、朋友关系以至整个世界，为何皆认为充满阴谋？

我老曹认为 99% 的朋友都是诚信可靠的。如果阁下太过小心眼，会交到什么样的朋友？如果阁下豪气干云，你又会交到怎么样的朋友？这又回到性格的问题上。你的性格如何，很可能你所交朋友的性格亦如何，所以在择友路上要格外小心，尤其是涉及金钱的时候。借钱给别人真的要量力而为，心理上要做好别人不偿还的准备，这才是理性的借钱行为。

打破魔咒 富过三代

跟大家分享一个故事：

一位居住在上海的中犹混血女士，离婚后带着三个孩子和仅够三个月生活开销的积蓄，于 1992 年移居以色列。初到彼邦，这位女士不单赶紧学习新语言，还开了一个小摊子卖春卷，以维持生计。

对于孩子的教养，这个好妈妈一直秉承中国式“再苦也不能苦孩子”的原则。孩子上学的时候，她拼命赚钱；他们一放学，她就停下手里的工作，照顾其饮食起居。

由于文化差异，邻居总觉得这位女士宠坏了孩子。有一天，当孩子们围炉坐着等母亲做饭的时候，邻居忍不住过来训斥她的长子：“你应该学会去帮助你的母亲，而不是在这看着她忙碌，自己就像废物一样。”长子听了，虽然觉得难受，但想想也有道理，便提议以后由他来照顾弟妹，又主动帮妈妈包春卷，甚至想到带些成品回学校售卖。

最初，这位女士心酸歉疚，觉得委屈了自己的孩子，但慢慢她发现他们其实挺喜欢这样的赚钱感觉。她的邻居也不停地跟她灌输犹太人家庭“赚钱从娃娃抓起”的教育方式：世上没有免费的午餐，每个孩子都必须学会赚钱，才能获得所需的食物和照顾。

于是，她也入乡随俗，尝试在家里建立有偿的生活机制。家里提供的膳食和洗衣服务，孩子都要负担几毛钱的费用；在收费的同时，也给予他们赚钱的机会，将春卷以批发价卖给孩子，让他们倒卖赚钱。

她发现三个性格迥异的孩子连赚钱的方式都各有不同：小女儿比较老实矜持，她只是提高了一点价钱便作零售；次子干脆把春卷全都批发给学校的餐厅，薄利多销，每天稳定卖出 100 个；长子则最花脑筋，他在学校举办有关中国国情的讲座（自己主讲）时，每次吸引 200 人参加，入场费包括免费的点心（春卷）招待，结果赚得最多。

在犹太式教育下成长，三个孩子长大以后亦各怀抱负：长子考进旅游高等专科学校，打算在以色列开办专营中国游的旅游公司；次子立志当一个作家，在不需要任何投资的前提下赚取利润；幼女梦想当一个顶级的糕点师，然后开店创业……孩子们的梦想，让母亲大感安慰。

世界第十一大奇迹

犹太是个饱受苦难的民族，第二次世界大战的时候，几乎被纳粹德军灭绝。中国人逃难只知带着黄金和食物，但犹太人明白这些东西很易被夺去，只有教育和知识永远属于自己。中国人养家糊口，只知咬紧牙关，夜以继日地付出努力；但犹太人倾向于运用智慧生财，从事一些不用投入过多本钱、其他人不愿意做的行业。

中国父母既望子成龙，憧憬子女他朝事业有成（其实以赚钱多少来衡量成就），却又害怕孩子过早迷恋金钱，叶公好龙；犹太父母则坦荡荡地以敲击金币的声音，迎接婴孩的出生，赚钱是他们接受教育、努力学习、发掘志向的过程，甚至人生的终极目标。

中国父母克勤克俭，希望自己百年归老的时候，留下巨额财富予子孙；犹太人却明白真正可让子女一生受用的财富，是培养其负责任的独立性格、对待金钱的正确态度，以及对财富的敏锐触觉。

我老曹认为，每一个孩子到了七岁的时候，就有权知道世界第十一大奇迹：复利率的秘密。让他们明白“小小水滴，变汪洋大海；小小沙粒，亦可组成神州大地”的投资大道理。或者叫他们每天省下一两块钱，然后好好运用，以年增长 20% 计算，30 年后子女便能坐拥过百万元财富。

只有财政独立的人，才拥有真正的独立人生。每天花些时间在子女身上，告诉他们别人成功的故事。譬如巴菲特自婴孩时代便喜欢把玩零钱，到了六岁，他开始当上小商贩，用自己的零花钱从杂货店以批发价购入口香糖和饮料，再兜售给邻居和其他小朋友。到了中学时代，巴菲特已经深深对股市着迷，并懂得入股父亲的生意了。

中国人常谓“富无三代享”，归根究底，就是富起来的第一代虽然自己非常努力工作、节制开支，然后把大部分收入储起来投资

我老曹认为，投资不论是赚是亏，我们也勿忘三件事。第一，做人应该 be good，即是对朋友要好，同时保持良好的态度；第二，处世应该 be honest，即是不要欺骗别人(否则，人家会牢记一生)；第三，时刻保持 be happy，即是何时都要常怀喜乐。今天输钱，明天忘记。

中国人常谓“富无三代享”，归根究底，就是富起来的第一代虽然自己非常努力工作、节制开支，然后把大部分的收入储起来投资或做生意，他们的第二代或第三代却往往会转而享受人生、追求社会地位和生活品味。祖上那烦人的事业，肯定交予别人代管。

或做生意，他们的第二代或第三代却往往会转而享受人生、追求社会地位和生活品味。祖上那烦人的事业，肯定交予别人代管。只知道享受，不懂得赚钱方法的第三代，最终结果如何？

须知道，过分满足子女的物欲将害其一世；教晓子女理财之道，却是本小利大的最佳投资！

防止世袭贫穷

香港是个“富者愈富，贫者愈贫”的二元经济社会。20% 的高收入阶层与 80% 的中低收入阶层之间最大的差距，部分是由教育水平造成的。

在高收入的家庭里，父母努力工作为子女提供良好教育，自己也终生学习，提升自己的赚钱能力。他们认为快乐须建基于拥有一定财富之上，故必须先有高学历，才有机会获得高收入职位。下一代以此为榜样，自然容易成大器。

读书不成的富家子弟，难得这类父母的宠爱。所以他们就算无法在国内升学，也会争取负笈欧美新澳的机会。

事实上，香港中产阶层或以上的家庭，为了让子女将来继续成为社会上 20% 的高收入阶层，大都愿意不惜工本地培育子女。例如以一般的海外私立大学收费计算，留学一年的费用约 2 万美元；名字响一点的，一年将近 4 万美元。换言之，子女在外地大学毕业已花掉父母近 150 万港元；如再要取得硕士学位，费用更高达 200 万港元。代价诚然不菲，但大学毕业是子女将来能有份像样工作的必要条件。

反之低收入家庭，父母有空便抽烟、喝酒、泡澡堂、搓麻将，子女又怎会努力学习？自己从来不看书，又如何培养子女阅读的习惯？当然穷家也有特别上进懂事的孩子，但只属少数之例。他们大部分早早就离开学校，投身社会打工，甚至整天看电视、上网玩游戏或在街上闲荡，变成“御宅族”。

所谓“身教胜于言教”，子女往往是父母的一面镜子，反映自己的言行举止。为人父者，如习惯在家里动不动便大呼小喝、打妻子，又或终日沉醉于外面的温柔乡中，子女在暴力与价值观扭曲的家庭长大，你说子女成才的机会有多大？

请记住，阁下是子女学习的最佳典范，不要让贫穷世袭下去。

教育是改变贫穷命运的第一条，但个人的事业成功与否则由性格、智慧、家庭背景、野心和际遇等因素决定。

选友择业 影响一生

年轻人虽曰青春无敌，但选择职业时应注意行业的未来前途，而不应仅仅着眼于薪酬。例如我老曹于 1968 年离开薪酬高 30% 的纺织业，转投证券业，便因为前者是斜照的夕阳，后者却是初升的旭日。

其次，不要投身一些安于现状、不愿扩充的企业老板旗下。不要嫌公司目前规模小，怕只怕老板欠缺野心与大志。要加入有前途的公司，便不要白等机会找上门来，而应主动向心仪的企业自荐。当年李开复从微软跳槽到谷歌时，也是靠自己在网上搜寻到谷歌行政总裁兼董事长施密特的电邮地址，然后写信过去自荐的。

加入心仪的企业之后，我们应了解公司的目标，然后紧随其发展方向。专注于自己的本业、增加职业所需要的知识、能吃苦、敢上进、勇于表现自己，并建立自己的人际关系，都是成功的必要条件。

其实上大学的真正目的，不仅是为了学习，也是为了建立人际关系。在中国人的社会，人际关系有多重要，相信不用我细说。如果上大学只为求知识，那么到图书馆逛一圈或是上网找答案，可能更快更多。

选择什么职业，选择什么朋友，两者俱可影响一生。年轻人在大学时代，多跟同窗建立友谊，出来社会做事则互相帮助、互相鼓励，然后一起扶摇直上。

香港人常说“工字不出头”，20 世纪 70 年代更流行一个笑话，说如果勤劳可以致富，为何乡野的牛儿尚未发达？内地不少劳动人民每天工作 12 小时、一星期只休一天，收入又有多少？

打工只是赚取第一笔投资本钱的手段，随后应开始精明地投资。

投资者在 30 岁以前不妨进取一点，说不定日后来自投资的收入可超过每月的薪金。反正年轻，即使亏至一无所有，大不了便重新开始。

我老曹认为，投资不论是赚是亏，我们也勿忘三件事。第一，做人应该 be good，即是对朋友要好，同时保持良好的态度；第二，处世应该 be honest，即是不要欺骗别人（否则，人家会牢记一生）；第三，时刻保持 be happy，即是何时都要常怀喜乐。今天输钱，明天忘记。

江山易改，本性难移。人不能选择出身，也不能选择性格，却可以选择朋友，选择对人生的态度，选择做一个好人、一个快乐的人。只有快乐的人，才会幸运，无论是财富，还是人生。我老曹的“财富人生”走到今天，更坚信时势造英雄。

各位何其幸运，生活在今天的中国！天时、地利均已具备，能否人和，那就看你的造化了！

第五章

两性大不同

男女平等的第一步，就是先让女性获得读书机会。第二步就是让她们财政独立。

现今社会对女性的要求甚高，她们不但须晓得相夫教子，还要理财有道。相形之下，随着经济进入商业化、网络化、虚拟化，男性的强者地位亦岌岌可危。

事实上，女性投资者人数众多，一般的平均回报率都优于男性。因为女性不耻下问、乐于听取意见，男性则较刚愎自用、不肯止损。不过，能成就大事者，有时候却需要野心勃勃和不服输的性格，故知足常乐的女士往往只能成为小富，赚取亿万之财的则多为男性。

如果投资者可以集男女优点于一身，能够稳中求胜，理论上便所向无敌。因为好的、坏的、进的、退的，我们都考虑周全了，又何以被攻陷？

有才有财都是德

在第四章中我们谈到中华民族的劣根性，包括不懂得笑迎成功与失败；本章要讨论的，则是男女两性在投资性格上的差异。

百多年前，当西方社会女权运动日渐高涨、开始讲求男女平等的时候，中国社会还遵从男尊女卑的社会规则与“女子无才便是德”“唯女子与小人难养也”的先贤古训。这等于间接把占中国人口一半的生产力局限于相夫教子的框框内。如此一来，中国经济又怎能不日渐落后于西方？

这也是我的个人经历与体会。

80 多年前，我老曹的外祖父便是因为“女子无才便是德”一句话，认为女子只要能认得字，未来能写信给夫君便可，读书愈多就愈难嫁出去，所以只让母亲读至小学三年级便辍学。当母亲来到香港，迫于生计要赚钱养家时，却因为学历太低，只能到工厂当女工。

我老曹的父亲早逝。父亲家族因担心母亲带着夫家的财产改嫁，对母亲没有任何金钱上的帮助。“唯女子与小人难养也”又令母亲被迫走上自力更生之路。

母亲不敢出外打工，怕我们兄妹三个少不更事，容易学坏，只好拿些钉珠片、穿胶花等手工艺的活儿回家做。她每天五时半便起床做家务，晚上做手工，每天都要工作 12 个小时。我时常半夜醒来，都看到母亲还在忙碌。

长大后，我找到一份投资公司经理的工作，于是提议聘请一个佣人服侍母亲，希望她生活好些，但她不情不愿也不许。我结婚以后，家中一切大小事务，依旧由她和我太太操持。直至 2000 年，年迈的母亲实在吃不消了，才第一次准许我聘请佣人。

母亲的一生，反映了中国女性不获社会尊重的事实；她出身于农村，亦正正反映了中国农村妇女的地位低微。

出身于贫困农村的中国妇女，个性单纯，容易相信别人，又非常缺乏自信心。她们自以为读书少，没有见识，别人理应看不起她们。我老曹由最初只小量捐款支持北京昌平农家女实用技能培训学校，到今日成为其协助筹款者之一，就是希望中国的农村妇女有了学问之后，懂得明辨是非，增强赚钱能力，相信自己并不比别人蠢，可以通过自己的努力养活一家人，并且终有一天可出人头地。

一个成功的女性，必须是个女当家，包括懂得妥善理财。因为世上 90% 的困难皆与金钱有关，所以懂得妥善理财者比一般人至少省却 90% 的烦恼。

刚刚离开校园到社会做事的年轻女性，请不要相信“钱是赚来花的”“拼命赚钱，潇洒花钱”等话，那只是银行信用卡广告的宣传手法。年轻女性暂时没有家庭负担，更应该趁机拼命赚钱，并学晓如何投资，甚至参与一些较高风险的投资项目。

尽早理财 终生受益

男女平等的第一步，就是要先让女性获得读书的机会。

本人相信知识就是力量、学问可以改变命运。这个世界，只有懒人并无蠢人，只要多学习、肯付出、愿意努力，自然熟能生巧。别人可以，自己为什么不可以？

正如我老曹的太太本来对厨艺一窍不通，直至 2003 年母亲过身后，她才开始成为“一家之煮”。坦白说，刚开始的时候，她烧的饭菜真的难以下咽！不过，我太太胜在虚心好学，不但天天收看有关烹饪的电视节目，又买书回家钻研自学。经过多番尝试，从失败中吸取教训，今天太太已烧得一手好菜，不但健康、营养丰富，兼且味道一流，不少大厨亦望尘莫及。（此非我老曹个人意见，而是其他朋友的意见，不算主观也！）事实证明只要有自信，便可渐渐带来改善，最后更可表现出色！

有了知识和学问之后，男女平等的第二步，就是要双方财政独立。女性如在财政上仍依附男性，你相信她们在家庭、社会上能获享平等的地位吗？

刚刚离开校园到社会做事的年轻女性，请不要相信“钱是赚来花的”“拼命赚钱，潇洒花钱”等话，那只是银行信用卡广告的宣传手法。年轻女性暂时没有家庭负担，更应该趁机拼命赚钱，并学晓如何投资，甚至参与一些较高风险的投资项目。例如把一半资金投放在稳健型基金及大盘股之上，另一半即不妨用来玩玩创业板、股指期货或股票权证，训练自己的市场触觉，也学习“止损不止赚”“加涨不加跌”的策略技巧。

一个成功的女性，必须是个女当家，包括懂得妥善理财。因为世上 90% 的困难皆与金钱有关，所以懂得妥善理财者比一般人至少省却 90% 的烦恼。烦人、恼人的事愈少，我们自然愈有时间去处理感情和健康等其他问题，形成一个良好的循环。

投资减轻儿女债

我在各地与投资者见面时，发现听众当中依然以男性居多。许多女性以为财经分析只属男性的事，自己大可沉迷于电视长篇剧集或八卦娱乐新闻，闲时修甲、美容、逛街购物、打牌、煲电话粥。若阁下也是如此，便不要怪男性看不起你。

今天社会对女性的要求甚高，她们不但需要懂得洞察世情，还须学懂有条不紊地分析事物，成为丈夫的贤内助，提点他忽略的地方。这样的一个挺在男人背后的女人，丈夫尊重还唯恐不及，子女亦会视之为榜样。

女性到了 30 至 35 岁，很可能会因为生儿育女的问题，而放弃高薪厚职，令家庭收入下降。偏偏这时候，家庭开支却最沉重。妇女们既要持家有道，又要为子女未来升读大学或出国留学而筹谋教育基金，其时往往还要偿还房屋贷款。

为人妻者要是能在子女未出生之前，已学会投资与理财技巧，为家庭积累“第一桶金”，那么，在这段开支上升、收入减少的日子里，便可靠来自投资方面的回报，来抵消家庭的财政压力。

理论上，妇女们等到子女能够独立时，自住房屋的贷款应已还清，那时才算是真正拥有自己的物业。忙了半辈子，晚年终于可以偷闲了吧？未必，因为此时丈夫又踏入退休年龄了。

由 50 岁开始，女性便应为丈夫的退休做好准备，并为日后的医疗开支早作打算。在这个年龄阶段的投资组合中，外币存款及债券应占 50%，另外 30% 是股票，20% 是物业。这种组合已差不多，不宜再进行高风险的投资。

所谓“贫贱夫妻百事哀”，世上理财有道的女性比比皆是，不愿学习只是自己的损失。

不要“蜗居”你的心

有人说男性想起“一个家”，意思是娶老婆。女性想起“一个家”，意思却是买楼，尤其当她们初为人妇之时，更会为筑起二人世界的爱巢，而贸然考虑置业。看看改编自六六小说的电视剧《蜗居》在内地热播，说什么“女人有了自己的家，就是嫁”“男人若真爱一个女人，先拍上一摞票子，再奉上一幢房子”“买房要买处女房”，便知道多少女性在故事里面得到共鸣，找到自己的影子。

房子给女人带来安全感，女人爱买房子。看看香港的女明星，例如刘嘉玲近年常被媒体追踪报道的不是她的演艺事业，也不是她的花边新闻，而是她在上海、北京和苏州等地购置的高档物业。房子为女人带来的满足感，恐怕比玫瑰、钻石和爱情的威力还大，难怪现在年轻女孩子要结婚，有房有车是必备条件。

成家不一定置业

结婚归结婚、买楼归买楼，各位应该从投资的角度去看置业问题。我经常跟香港的读者说，1967 年至 1997 年投资香港的房地产，不失为一项明智之举；但 1997 年 8 月以后，同样观念已不再适用。2010 年，在香港最不应该做的事情就是买楼收租，理由是今天的租金收入（扣除各项开支后）已达到33倍市盈率（P/E）的水平，也就是说租金回报率只有2.3%。

过去市场的涨跌已告诫大家，置业须考虑的因素十分多，不要盲目相信“结婚应买楼”的传统智慧。物业只是一项投资而已，我们必须先评估风险及回报率，做出理性的选择。换言之，如果时势不合，婚后便不要置业而应改为租楼；如果投资机会来了，则未结婚也可先买楼。

在日本，置业的高峰年龄是30岁到45岁，这个高峰期的人口数量到1990年见顶，随后开始回落，日本房地产市场也随之进入20年的停滞期。美国的置业高峰的年龄是35岁到50岁，这个阶段的人口数量在2006年达到高峰，随后回落。而中国社会正在经历城市化进程和改革开放后经济高速发展的30年所带来的置业高峰期，从2003年开始，估计到2020年结束。2010年内地人购置力将与一线城市楼价脱节，估计出现一到两年调整期的概率很大。从以上资料可以看出，无论中外，不分东西，有一点还是共同的，那就是成家在先、买楼在后。裸婚从来都属正常行为，无甚大惊小怪。

明明白白买楼

置业是人生大事，买入的时机把握得好，不仅给家庭带来安全感，还能升值；买的时机不好，不仅会令财富缩水，还有可能成为负资产。我们应从投资角度去分析中国的房地产市场。

1980年4月2日，邓小平就住房问题发表讲话，迄今刚好30年。过去内地实行低工资政策，同时推行公房低租金制度，主要是为解决中国人民居住问题。上述公房由政府和单位建造并承担维修保养费用，结果令中国人均住房面积由 1949 年的 10.8 平方米下降到 1978 年的 6.7 平方米，且房屋愈来愈残旧。

从 1982 年至 1984 年，中央政府以常州、郑州、沙市、四平作试点出售公房，自 1985 年起再把经验推广至其他城市。1986 年上海、广州两市首先试行土地有偿转让；1987 年扩展到深圳、烟台、唐山、蚌埠，并进行“提租补贴”试点（即公房可以加租）。1988 年 4 月第七届全国人民代表大会一次会议通过了《宪法修改案》，明确土地可以有偿转让及物业可用作收租。

1988 年 2 月 25 日，国务院印发《关于在全国城镇分期分批推行住房制度改革的实施方案》，决定从 1988 年起，用三五年的时间，在全国城镇分期分批把住房制度改革推开，包括公房可以加租、出售及实物分配，实行住房货币化。

到了 1998 年，中央政府提出加快住宅建设，使之成为新的经济增长动力和消费热点。许多城市便引入外国的经验和管理方法，例如土地拍卖等，引发全国房地产热潮。是故不少人以 1998 年作为土地发展的分界线，经一连串改革后，中国的房地产市场开始规范化，到 2010 年形成了一套完整的体制，主要表现在：

建立分类供给体系，即政府与地产发展商分工合作，形成“双

过去市场的涨跌已告诫大家，置业须考虑的因素十分多，不要盲目相信“结婚应买楼”的传统智慧。物业只是一项投资而已，我们必须先评估风险及回报率，做出理性的选择。

我老曹认为，中国房地产市场纵有泡沫，也不会出现类似美国的次贷危机。不过，2009 年中国新增房贷是 2008 年同期的 5 倍，与房地产相关的信贷额占总信贷额的 20%，已达到警戒水平，出现短期调整无可避免。

轨”体制。由政府负责供应廉租房和经济适用房，地产发展商负责新建商品房及二手房，互补长短。

新建商品房价格波动应以二手房市场的供求情况为依据，而非本末倒置。政府利用税收政策来调节二手房市场，即必要时抑制投资需求去平衡供求。征收对象主要是高收入阶层和高标准豪宅，例如加大多套房投资者的收益税率及鼓励首次置业，等等。通过土地和银根的放宽或收紧政策，去调控房地产供求；建立完善的系统，全面负责住宅市场的管理和调控工作；提高政策的及时性、针对性和有效性。

改变土地出售机制，鼓励技术进步，促进产业升级而非价高者得。以免高昂地价侵占科技进步的成本空间，例如推广应用低碳理念的新技术、新产品和新工艺；改变现行土地出售政策只追求眼前利益，忽略行业长远发展的弊端。

此外，国有企业的角色亦有所改变，不再与民营企业一样以追求市场利益最大化为目标，而改为在稳定房价、规范市场秩序、推动产业升级和保障住房建设上发挥作用。

透过这样的体制改革，中国房地产未来的发展将有希望走上一条良性发展的健康之路。

从楼市看懂经济

现在最热门的话题，自然是房地产价格。2009 年底中国政府出台的调整政策，令一线城市如北京、上海、广州、深圳等地的住宅成交额大幅下降。很多人出现恐慌，认为中国房地产经过多年快速增长，已累积了泡沫，现在到了泡沫爆破的时刻了。

中国房地产市场是否存在泡沫？诺贝尔经济学奖获得者斯蒂格利茨认为，中国和美国不一样，主要是因为前者的负债不高。虽然 2009 年中国因利率下降而步入置业狂潮，但在内地买楼首付为楼价的 30%（第二所物业为 50%），而且内地的物业贷款没有证券化，银行批出贷款时亦小心谨慎，无业者一律免问，因此不可同美国情况相比较。

2009 年全国 660 个城市，平均楼价每平方米 4 695 元，较 2008 年上升 24% 或每平方米升 813 元。2010 年出现调整无可厚非，但认为泡沫会爆破便是言过其实。中国目前只有北京、上海、广州、深圳等地区经济完成了工业化、城市化，其他大城市仍未完成，其中 70 个城市更没有显著变化。未来 20 年每年仍有 1 200 万到 1 500 万人口由乡村涌向城市，更何况目前中国人均收入仍未达到 3 000 美元；目前中国内地的房地产情况更接近 1981 年的香港，而非 1990 年的日本。（1990 年日本房地产市场进入为期 20 年的负增长。）

我老曹认为，中国房地产市场纵有泡沫，也不会出现类似美国的次贷危机。不过，2009 年中国新增房贷是 2008 年同期的 5 倍，与房地产相关的信贷额占总信贷额的 20%，已达到警戒水平，出现短期调整无可避免。

20 世纪 80 年代，当日本还处于泡沫时期，房地产及建筑相关贷款亦只占银行总贷款的 25%。在资产价格急升的同时，如伴随货币供应扩大和信用扩张，尤其是对房地产部门的信贷扩张，就是危险信号。中国金融市场应从日本的资产泡沫中吸取经验，以免资产价格本身的变动对整体经济造成破坏。

参考美国的经验，地产繁荣期一般可长达 22 年。中国房地产市场从 1998 年至今已繁荣 12 年（2000 年至 2003 年为回落期），换言之，虽然不排除或有短期调整，但房地产市场应仍有十年好景，估计调整一两年后才进入另一上升周期。

在不合适的时间置业，可以是风险很高的行为。

放眼二、三、四线城市

投资物业，大家都知道要讲 location，location，location（地段、地段、地段）。上海、北京、深圳、广州，这些城市吸引了各阶层人群，每个人都要在这里实现自己的梦想。我看过一则报道，讲述一位从北方城市来北京的大学生，在一家 IT 公司做程序员，月收入 1 200 元．他告诉记者说，自己的理想是 5 年内在北京三环以内买一套 50 平方米的房子！

我佩服这个年轻人的勇气，可惜现实总是比较残酷。新华社发表文章指出：一个朋友于 1989 年想买住房。当时的房价是每平方米 1 600 元至 1 900 元，38 平方米少说要 6 万元。当年一名大学生月入 200 元，每月储蓄 50 元已是极限，即要 100 年才买得起楼。如今 21 年过去了，大学生收入虽然上升十倍至每月 2 000 元，但楼价升幅更大。今天大学生即使存了 100 年钱，仍是买不起房子。

我们看看香港过去的情况。1980 年的香港楼价大约为每英尺

1 000 港元（每平方米 1 万港元），那年的香港大学生在初出道之时一样买不起房子。1983 年香港房价回落 35%，可有什么用？大学生依然买不起。但今天回头看 80 年代出身的大学生不少已经成为业主了。

为什么？因为大学生不应该用当年的收入去计算负担能力，而应该考虑整个工作生命周期。一般大学生有 35 年的工作寿命，再以未来加薪幅度计算出未来收入，才可作为置业参考。例如 1983 年香港楼价每英尺 650 元（每平方米 7 150 港元），当年香港工资以按年 10% 的速度上升，以 1993 年月入 3 500 港元计，10 年后应月入 9 078 港元，20 年后应该月收入 23 549 港元，因此应该以 1990 年自己的收入作为“供楼能力”计算。反之 1997 年起香港工资停滞不前，当年大学生月入 11 000 港元，每年升幅只有 5%，即 2007 年只有 17 917 港元，2010 年才只有 20 742 港元，大学生应以 17 917 港元收入作为“供楼能力”计算。

新华社文章所谈及的那一个人，在 1989 年想买房子却用当年的收入来计算，忘记未来 20 年是内地工业高速上升期。这样的人永远买不到房子。

2010 年香港工资进入停滞期（很少再加薪），内地工业仍有 20 年左右上升期，买楼应推算未来 20 年自己收入多少，再以中间收入（未来 10 年）作购买力时才可达成置业美梦。

2010 年的香港再次流行“大学生买不起房”的论调，我想提醒大家，要弄清楚“居住”需要和“投资”需要。今天香港一般住宅楼仍可用每英尺 20 港元或以下的价格租到，加上 35% 的香港人住廉租屋，另有 30 万家庭住在“居屋”内，香港人并非“贫无立锥之地”。

投资是有了余钱才能做的事情。财富积累中确实有年龄的因素，如果你弄不清楚自己的财政状况，只一味“梦想”，那梦想永远是梦想。

经过这番对比，相信你已经明白我的意思。投资是有了余钱才能做的事情。财富积累中确实有年龄的因素，如果你弄不清楚自己的财政状况，只一味“梦想”，那梦想永远是梦想。

过去的国策太集中于发展一线城市，这些城市的人口现已太拥挤，再没有剩余土地供大规模发展。中央政府从 2008 年开始调整涉及国家、集体和个人之间收入分配的关系，包括提高农产品的最低收购价，改善农民收入；提升城乡困难居民的最低生活保障标准；提高企业退休人员的养老金；提升退伍军人、老弱伤残和农村五保户的家庭补助标准，改善他们的生活。这些政策都有利于二、三、四线城市。

很明显，2010 年内地一线城市的楼价已经见顶，北京、上海、深圳及广州等城市的房屋空置率已超过 10% 的国际警戒线。如非无知，谁会在这个时间冒险在大城市买房？就算要买，也应该放眼二、三、四线城市。

2008 年起中央政府积极发展高铁网络，使沿海经济发达地区的发展可以深入腹地，推动二、三、四线城市发展。2009 年 12 月 26 日，第一条由广州到武汉全长 1 068 公里的高铁建成，从此从广州到武汉只需 3 个多小时（以前需 11 小时）。第二条连接上海和北京的高铁将于 2012 年开通，令车程缩短至不足 5 小时；日后从上海到合肥亦只需 3 小时，亦会带动沿线二、三线城市的楼价。

未来两年，中国将建成 42 条总里程长达 1.3 万公里的高铁，把珠三角经济圈、长三角经济圈与高铁沿线的二、三、四线城市紧密连接起来，令产业梯级转移，带动人流、资金流、物流及旅游分散到全国各地，形成不少“三小时经济圈”，让一些地处偏远外围的城市也能受惠于国家未来的经济增长。

例如武广高铁开通以后，一位研究数字媒体各信道融合技术开发的武汉人，如在东莞的研究院工作，以往每次回家都十分不便。现在有了高铁之后，便可每周五下班都回家共享天伦之乐，周一上午才安心返回公司工作。如此，东莞一众中小型制造业便可获得高科技人才的支持。

另一方面，原本开设于东莞的工厂亦可把生产工序分散到其他高铁沿线城市，从而降低产品生产成本，提升科研能力，进一步增强其市场竞争力。须知道大部分工厂的净利润率可能只有 3% ～ 5%，武广高铁开通可令生产成本下降 3% ～ 5%，即净利润可上升一倍，令 2010 年起中国出口又再次大幅增长。

2009 年 10 月，我老曹曾到武汉财经大学讲课，发现整个武汉市皆沙尘滚滚，建筑工程处处，情况有如 1998 年本人首次返上海时所见的一样。武广高铁共 15 个车站，即可带动 15 个二、三、四线城市的发展，而且效果立竿见影。

实际上，中国拥有 170 个人口超过 100 万的城市，合共 3.5 亿人口。这些二、三、四线城市人口加起来，较美国或欧洲人口还多，可以说商机无限。

当年，中国的广大青年响应政府号召，到火热的农村去。今天，高铁的建设拓展了经济圈，很多机会正在北京、上海、深圳、广州之外的广大地区等待着想有一番作为的年青人。例如比亚迪汽车公司宣布将把莞韶的产业，转到韶关那里生产汽车零件，并在武广沿线的长沙建立另一个生产基地；包达集团计划在柳州建立一家代工厂；长株潭城市群（指长沙、株洲、湘潭三市）亦宣布成立金融后勤基地……

在第二章我说过，时代影响个人命运。同样的抉择在不一样的环境下会产生迥异的结果。与其边看《蜗居》边抱怨买不起房子，不如想想另一出电视剧《鲜花朵朵》带给我们的启示：一根枝头生花七朵，大朵二朵早生早嫁，跟丈夫过着平凡的日子，人生的黄金时代跟中国经济起飞的机遇擦身而过；反之，成长于改革开放以后的五朵六朵七朵，却可以选择嫁洋人或者做生意，甚至追寻自己的理想。

自己的命运，全看阁下如何抉择，一味抱怨，解决不了任何问题。财富是自己找到的，不是从天而降的。

容易受伤的男人

新中国成立以后，我们不时听到“妇女能顶半边天”之类的主张两性平权的豪言壮语。

事实上，经济发展如能获女性参与，即变相多了一半人口加入生产力，社会自然更加繁荣。

在我老曹父母的一代，男主外，女主内，人们称出外工作的女性为“职业妇女”，语气之中不无贬义，暗讽其夫撑不起一个家。随着经济日趋繁荣，女性能接受教育的机会渐多，并开始争取与男性同工同酬。

在 20 世纪 70 年代的香港，表现出色的女性仍被人以不大尊敬的口吻唤作“女强人”(我老曹从未听过“男强人”之谓)。踏入 21 世纪的信息时代，体力变得愈来愈不重要，“男性——你的名字是弱者”的时代即将来临。男士们不要以为自己比女性强，因为她们正在超前。

在工业发达的城市，例如深圳，四处都是工厂女工和打工妹。男女比例达 1:7，严重失衡，故男性很容易便找到老婆。不过，当中国的经济发展进入商业时代，情况便麻烦得多。譬如说，网上流传“有车有房”已成为 80 后女生择偶的硬性条件，但如今楼价高昂，买楼结婚又谈何容易?

再者，女性都怕嫁错郎：人人都说帅哥没心没肺的，那是不是所有帅哥都不值得嫁？又有人说富翁“烂滚”，那是不是所有富翁都不值得嫁？大部分女性希望自己的结婚对象比自己优秀，而且与自己有相同的人生观、价值观，并且努力向上。在股票市场上，我们称之为“增长股”。

除非贵为“增长股”之一，否则男士们看得上眼的单身女贵族，人家未必看得起你。男士们如欲娶得美人归，请努力为自己增值，不能单凭口甜舌滑，更需要有才华；对潮流有所认识、有品位、有要求，以及拥有过人的赚钱能力。不要让女性失望！

优质剩女 劣质剩男

中国的婚姻登记数字虽然一直保持增长，例如 2009 年便有 1 170 万对新人结婚，比 2008 年同期增长逾 9%。不过，婚后后悔错嫁郎的女性也愈来愈多，例如 1980 年全国的离婚数字为 34.1 万对，2009 年则急升至 242 万对。到底是男性近年愈来愈不济，还是甘心做人家妻子的女性愈来愈少了？

从目前中国男女比例来看，女性明显少于男性。中国的社会学家将男女分为四等，说 A 男会选 B 女，B 男选 C 女，C 男选 D 女，最后剩下 A 女和 D 男没人要。据他们估计，到 2020 年，中国的可婚“剩男”将达 2 400 万人。

至于那班属于自我享乐型的 A 级女贵族，大都接受过良好现代教育，大多数从事 IT、广告、贸易、媒体、金融等高收入行业，且工作表现突出。她们眼光好、有性格，追求美貌与智慧并重，对新生事物充满热情、生活节奏急速，结婚已变得可有可无。

以上海为例，女性单身贵族中 89.94% 具有大学学历。她们并非没人追求，也不是不想结婚，而是不愿为结婚而结婚。这种未婚、离婚或丧失配偶的女性为“单身大长今”，在香港亦逾 70 万之数，其中不乏月入数万至数十万元者，部分甚至家财过亿。

对她们而言，结婚要放弃的东西太多：既要照顾丈夫，又要照顾孩子兼供书教学，实际是一种束缚。不少香港女性认为，如果找不到完美的丈夫（包括经济上及感情上），还是不嫁为妙；加上养大一个孩子约须花费 400 万港元（香港媒体的宣传），牺牲实在太大。

假如保持单身，她们便可“自己赚、自己花”。据上海调查所得，63.2% 的女性单身贵族一旦有钱，就会买房子，心理上等同自尊、独立及安全感，现实则代表经济独立。她们穿戴名牌服饰、开私家车、请私人健身教练、学瑜伽或跳拉丁舞，甚至参加花艺班、茶道班去雕琢自己，寓教于乐，在陶冶性情的过程中增加自身魅力。她们平常下班后，可能会跟朋友饮酒谈天，放假则去旅行，例如到地中海晒太阳、到巴黎欣赏名画、到日本浸温泉……生活写意又我行我素，可以说完全没有负担。

早于 20 世纪 80 年代，这个趋势已在西方国家出现。90 年代这股“单身”风气吹到日本和中国香港，21 世纪亦吹至上海、北

可是，他们大部分都会犯上“皇帝的新衣”的毛病。一旦有了钱，他们便自以为穿上华丽的衣服，可以吸引众多女性的崇拜，连自己赤身裸体亦不自知。恋上“新衣”（财富、金钱）的女性，并没有真爱。因为真爱从不计较对方拥有什么。

京、深圳、广州等城市。

“单身大长今”赚钱的目的就是为了花钱，而且花得激情，花得冲动，随时一掷千金亦面不改色，自然成为近年广告业针对的对象，也是理财产品的重要客户。

中年皇帝的新衣

如此窈窕淑女，当然君子好逑。

男性在 30 岁以前，靠的是一身肌肉来吸引女性，于是他们天天跑步、打球、健身操练；踏入不惑之龄，男性则可凭自己的智慧、容貌和幽默感而抱得美人归；而在 40 岁之后，所谓的“男性魅力”便是由其拥有多少财富来决定！

不信？请打开报刊的娱乐版，便明白 40 岁以上的男性所谓的“性象征”——不外乎是大丈夫不可一日无权、小丈夫不可一日无钱。在内地拥有 100 万元财富者，已可过“中产阶级”的生活；拥有千万元或亿万元财富者，用句俗话来形容，就是“打跛脚，不用愁”。这班有钱的中年男士要追求什么？无非是“性”。

可是，他们大部分都会犯上“皇帝的新衣”的毛病。一旦有了钱，他们便自以为穿上华丽的衣服，可以吸引众多女性的崇拜，连自己赤身裸体亦不自知。恋上“新衣”（财富、金钱）的女性，并没有真爱。因为真爱从不计较对方拥有什么。

陷入“皇帝的新衣”游戏中的男性，为了令自己的新衣愈来愈吸引人，便一股脑儿拼命地增加自己的财富，把追逐金钱视为人生的全部，而不懂得停下来。他们不相信“真爱”是金钱买不到的。

当然，他们也不肯承认自己其实没有穿衣服。

女性较男性浪漫，尤其是少女。少女只求寻开心（Girls just want to have fun），她可能只希望男朋友能在自己生日那天，为她唱一首情歌或请她到沙滩上跳一支舞……但男性永远不信，往往以为钻戒、豪宅对女性的吸引力一定更大，因此夜以继日地去赚钱。

珠光宝气 不过是泪

我老曹过往也一直以为，钻石不单是女人最好的朋友，更是男人的救命恩人。不同意？看看电影《色，戒》就知道。岂料此乃人类有史以来，男女之间最大的误会（包括本人在内）。

一位年纪不小、丈夫事业有成的太太曾告诉我："钻石代表的只是女性的眼泪。"原来在商场上打滚的男士，不少在外面做了对不起太太的事后，通常都会买一颗钻石送给太太，聊以减轻自己的罪咎感。

男性误以为"浪漫"的代表，就是最贵的红酒，例如20世纪80年代的Château Lafite，最豪华的烛光晚餐，例如白松露或日本和牛等等，形成社会上大量女性身穿华衣美服、手戴钻戒，心里却流着眼泪；住在豪宅内，却感到孤单。

现代女性财政独立，许多凭自己双手也能在商场上、在股票市场上赚大钱。区区一颗钻石，她们大可买来奖励自己，根本不需要男人馈赠。自己买的钻石，才能表现女性的自信。

女士们，请努力赚钱，不要薄待自己。

What do women want？女人需要的，不是广告不断地告诉我们的黄金、钻石及豪宅。女人需要的其实非常简单，可能只是男伴“轻抚你的脸”所带来的感觉，可能只是对方一个傻笑的表情，又或是其滔滔雄辩的英姿。不过，男性永远不相信女性就是如此。

不信的话，请问问你的母亲，当初为何嫁给你的父亲？看看他俩的结合是否因为金钱与地位？又或者问问其他女性，她们把什么放在第一位？年长一点的女性，可能回答是家庭及家人的健康；年轻女性则首重浪漫与激情；只有极少数的女性才会置“金钱与地位”于第一位。偏偏男性硬是不信，经常在女性面前炫耀自己的财富及地位，以为这就是男性吸引力，令整个社会变得愈来愈沉闷而不再浪漫。

记得我老曹在最消沉潦倒的日子里，太太曾说：“我从来不是为了钱而嫁给你，你不知道自己很有才华的么？”在她的催眠下，数十年来本人一直以为自己真的很有才华，也肯定她爱的是我的才华而不是我的新衣。

我太太是成功的。今天本人遇见美女，都只敢远观而不敢发展什么关系。因为我不禁会心想：“太太在我最失意的日子说我有才华，这美女会吗？”

婚姻为投资增值

关于婚姻，我老曹想为大家说个小寓言。

上帝造人原无男女之分。最初每一个人都有两个头、四只手、四只脚，强大得难以控制，甚至威胁到上帝的权力。于是魔鬼撒旦想出了馊主意，让上帝一刀将人一分为二，自此分开了男女。

在男女的身体正中处，上帝留下了一个印记，就是肚脐。以后不论男女均须凭一生最大的努力，去寻找原来的另一半的肚脐才快乐，并为此烦恼一生。上帝则乐得生活逍遥，不用再为“人”过于强大而懊恼了。

人们常歌颂爱情伟大，其实我们都不过在寻回自己另一半的肚脐而已。如果你找对了自己的肚脐，寻回自己更好的另一半(better half)，便可集男女优点于一身，从此所向无敌。二人双剑合璧，好的、坏的、进的、退的都考虑周全了，如此思想成熟的组合，叫别人如何攻陷?

找不到自己另一半肚脐而误配者，则婚姻、家庭、事业通通失败。一个攻的时候，另一个却从后面勒住他；到了要守的时候，另一个却不配合，守什么？守住一片草地么?

有时收到别人的结婚请柬，见帖上往往印有“我俩情投意合，愿结为夫妇”的话，我总是忍俊不禁。如要找个情投意合、跟自己相同的人，天天起床照照镜子便可，根本不用找老婆或老公。

什么才是 better half？最佳的人生伴侣，讲求的是双方配合，而不是一个跟自己一模一样的人。譬如说两个同样进取性急的人，一旦吵起来，家里的沙煲碗碟肯定都被掷个破烂；他们一起投资，则迟早烧炭而亡。同样地，两个做事慢条斯理的人结婚，分分钟连子女都饿死。

情投意合非绝配

结婚的真正理由，应该是“我俩情不投、意不合，愿结为夫妇”。一个人的 better half，应该是跟自己性格接近相反的人。如此我们看事物的时候，便懂得从两个角度去分析。

成功的配合，就是男女双方优点互补。如果你胆小如鼠，什么投资也不敢碰，最好找个老婆刺激一下自己，例如她不时会抱怨道：“有没有搞错？隔壁那家人，原本的房子只有 50 平方米，现在已换了一间超过 100 平方米的了。”

又或者当阁下月入仅 8 000 元时，便找个有点虚荣心的太座。当她花上万多元买个 LV 手袋后，仍平静地说“不算昂贵”，那么阁下自然有赚钱的推动力，迫于思考如何赚更多的钱，以满足妻子的需要。慢慢地，你会变成月赚 8 万元，甚至 80 万元。事实上，很多男性事业成功的理由，就是娶了一个甚晓花钱的妻子；社会上这样的例子不胜枚举。

本人是一个很乐观的人，凡事都往好处想；太座性格却比较悲观，凡事都做最坏的打算。1974年，我试过一次跟她说：“老婆，我几乎输至一无所有。”她却轻描淡写地说道：“我早料到你会这样！”无论我沦落至什么田地，我太太都不会吓一跳，因她心里已经早有预备。

然后，她又反问我：“你知不知道结婚前，我为什么去学开车？”

“就是以防有天你如果失业，我还可以去开保姆车，当司机。”她继续说。那时候，我才知道结婚前一年她跑去学车，不是想开私家车，享什么“太太福”，而是为免我有朝失业，她还有一技之长，可以维持家庭生计，倒过来供养丈夫。

我太太还有一句更经典的话：“你早晚饿死老婆瘟臭屋。”她深知我玩股票，银码涨跌幅度很大，所以从拍拖开始便一直担心，怕我有天会输光输清。而我为了避免此事成真，亦时常警惕自己、勒住自己，不要轻易“尽地一铺”。

这就是成功的配合。

老曹不相信迟婚有助事业。25至30岁是男士的适婚年龄，而且愈早愈好。25岁开始专心事业，跟30岁才开始修心养性，大家到60岁时分别有多大？如果25岁时用10万元起步，以每年投资回报25%计算，到60岁时身家可达2465万元；30岁才起步，则只有646万元！

结婚的真正理由，应该是“我俩情不投、意不合，愿结为夫妇”。一个人的 better half，应该是跟自己性格接近相反的人。如此我们看事物的时候，便懂得从两个角度去分析。

急先锋碰上慢郎中

最失败的配合，则是男女双方各取其短、互取其劣。

譬如说，一个有前无后的“急先锋”丈夫，若配上一个啰啰唆唆的“慢郎中”妻子，二人在 2003 年计划投资 A 股，当时男的说：“去吧！去吧！”女的却畏首畏尾，对丈夫的行动加以阻止，便白白错过了大好的投资良机。

过了两年，男的又忍不住想进股市：“去吧！去吧！”女的还是答道：“不要！不要！”到了第三次，2007 年 10 月，男的再说去买，女的感觉不好意思再三劝止，便由得他去买，结果就累他顶点买进了。

2008 年，A 股持续下跌。于是，女的装作事后孔明说：“早已告诫过你，叫你不要去买。”男的赔了钱本已烦得要死，妻子事后竟还落井下石，便只好说：“不要再提了，好吗？”

其后股市持续下跌，直到 2008 年 11 月，A 股触及 1 664 点时，女的更加把劲地说：“一早已经告诉你不要买的啦！”男的终于忍受不了，便忍痛把股份卖掉，并抛下一句：“我听（怕）你了。”结果这次他又于谷底卖出。

“一早已经告诉你……”“下次不要如此……”这两句是女性切忌的口头禅。广东人谓“有早知，便没乞怜”，尽说这些负能量的话，根本无助于解决问题、改变亏损的现实。当丈夫面对失败，难道为人妻者还要在伤口上撒盐，令他更加沮丧吗?

须知道，许多男性可能一辈子只会说两次傻话：一句是“我爱你”，但这句话没有法律责任，随便说说也可以。另一句则是“嫁给我好吗？”这句话背后藏着千斤重的终生责任。既然丈夫已给予了其人生最大的承诺，作为妻子，更应该在他失意潦倒时给予支持和鼓励，轻轻一句：“算了，我们再接再厉吧。”“老公，我信你行。”让眼前的失败，成为人生中唯一的一次，以迎接日后许多许多的成功。

同样地，当女性面对压力时，为人夫者亦可给太太一个拥抱(一抱更胜千言万语)，按摩一下她的肩膊，细心聆听她的心事。

自制完美伴侣

我们无须羡慕别人有个好老公、好老婆。因为自己老公、老婆的好坏，是由个人一手一脚造成的。此话何解?

举个例子，假如丈夫不喜欢太太打麻将，太太却热衷于“砌长城”，把照顾子女的事情推给丈夫，说“养儿活女大家都有责任”。这样的妻子，怎么能有好丈夫?

丈夫如对之纵容，轻易地认为“没有办法”，而不义正辞严地劝太太戒掉自己不能接受的行为，却跑去找红颜知己喝酒，大吐苦水，便很容易由找别人同情，变成二人偷情。

男人有多爱偷情？苏州人有个笑话，说台湾一旦打仗，也只能派出386199部队应付。何谓386199部队？3.8是妇女节，6.1是儿童节，9.9是重阳节，即代表老人。台湾男人都哪里去了？大都去了上海、苏州或昆山。有句笑话说：台湾人不仅把钱放回大陆投资，连丈夫也输入大陆了。可见夫妻关系如果没有悉心呵护，会变得多么脆弱。

每个人都有优点、缺点，没有人是完美的。婚姻不是恋爱的终结，我们应永远记着对方当初吸引自己、值得欣赏的好处；对于伴侣不能接受的行为，我们则应给予清晰的信息，让对方纠正过来。

一段愉快的婚姻关系，对整个人生很有帮助。男女如果想婚姻成功、事业成功、子女又听教听话，便要懂得充分利用两性之间的差异，互相配合。罗密欧与朱丽叶的殉情，只因他俩都有自寻短见的性格。如果其中一个爱惜生命，他们便不会轻生了。

早成家 早致富

我老曹是早婚的支持者，自己亦早于25岁便结婚。因为我相信“已婚男士是较佳的投资者”的说法。

一来，两个人共同生活，衣食住行的花费都可以彼此分担，较两个人分开生活更省钱。二来，谈恋爱的时候，情侣们天天逛街看电影，其实甚为浪费金钱和时间。早点结婚，男女双方便可以早点心无旁骛、专心致志、努力地工作赚钱。

更何况，单身人士在社会饱受歧视，在税制、保险计划、退休计划、升职机会等方面，都比不上已婚人士的待遇。

找个好伴侣结婚，先成家、后立业，是我老曹的忠告。大家不妨细看胡润的中国富豪榜单，上面大部分均为已婚男士。结婚对女士的事业是否有帮助，我老曹自己体会不到，但对男士而言，则肯定有帮助！ 我老曹不相信迟婚有助事业。25 至 30 岁是男士的适婚年龄，而且愈早愈好。25 岁开始专心事业，跟 30 岁才开始修心养性，大家到 60 岁时分别有多大？如果 25 岁时用 10 万元起步，以每年投资回报 25% 计算，到 60 岁时身家可达 2 465 万元；30 岁才起步，则只有 646 万元！

当然，在休闲生活与工作投资之间，我们必须取得良好的平衡。我们不应为所谓的个人嗜好而放弃投资，同样地，努力工作亦不代表生活刻板。成功的投资者通常一年只有 75% 的时间将注意力集中在市场，余下则是与自己的另外一半享受人生、享受投资成果的日子。

投资成功最重要的是专注，而非不眠不休地熬时间。

一段愉快的婚姻关系，对整个人生很有帮助。男女如果想婚姻成功、事业成功、子女又听教听话，便要懂得充分利用两性之间的差异，互相配合。

亿万富翁阳盛阴衰

不说不知道，全球投资者的男女比例，以女性较多，成绩亦以女性较好。

对此《信报》于 2002 年 3 月 9 日早有分析：“在投资上女性较有耐性，买卖频密度较男性低，因此平均获利较丰。美国投资俱乐部协会的统计显示，女性的平均薪金及股票资产均比男性少，但寿命较男性长而投资回报亦较男性高……”

事实上，女性投资者之所以跑赢男性，正因为她们不耻下问、乐于听取别人的意见，故其平均的投资回报便可能优于男性。相反男性一般较为自我、刚愎自用、不肯止损，赢钱时到处张扬，输钱时却宁愿有苦自家知，不好好检讨胜负因由，又如何成功？

不过，能成就大事、赢大钱者，却往往需要自我、不服输、坚持下去的性格。男性野心勃勃、贪得无厌，做了皇帝便想当神仙，所有美女都见一个爱一个；女性却非常容易满足，有了不错的男友或丈夫之后，就算古天乐、刘德华放在跟前，她们亦未必会心动。是故，坐拥百万美元以上流动资产的富翁，始终以男性居多。

女性太容易知足，现状若是不俗，便很怕失去。她们宁愿安安稳稳，也不肯追求更多更好的东西。很多很多年前，我太太曾对我说：“你已有 100 万元身家，你干嘛还要辛苦工作？”不久之后，她又跟我说："你有1 000万元身家了，你赚那么多钱干什么？"后来，她更抱怨道："我不理了！你赚那么多钱，我都不知如何去花！"

我老曹的性格又大开大合，赚钱的最终目的只为证明自己的能力。叫我停？怎么停？

男性的野心永不知止，他们喜欢扮演雄狮的角色，就算实际上自己办不到，心理上依然有这样的渴求。（最成功的女性，只要让男人以为自己是雄狮便行了。）

我老曹认为，男人在60岁以前处于冲锋陷阵、攻城略地的阶段，老婆的意见只宜尊重而不应听取。踏入花甲之年以后，自己已经输不起，则反过来要顺从老婆的话，无论投资还是处世，都以保守为上。

过早安贫 难发达

两性性格上之不同，放诸投资，便见男士们什么都沾手，对金钱的欲望永不言"够"，进取有余、小心不足。若不兴家暴发，往往就是以破产收场。

我老曹认为，男人在60岁以前处于冲锋陷阵、攻城略地的阶段，老婆的意见只宜尊重而不应听取。踏入花甲之年以后，自己已经输不起，则反过来要顺从老婆的话，无论投资还是处世，都以保守为上。

如两性之间能取其优、去其劣，以女性的心思缜密补充男士的大纹大路、野心进取，反过来又正好填补女士过分小心的一面，他们所制定的投资策略必定是既进取又稳健，攻中有守，守中带攻。

女士们则过分谨慎而缺乏进取心。香港很多女性投资者手持大堆汇丰控股（00005.HK）的股份，便已心满意足；有的甚至太安分守己，连丁点儿风险都忍受不了，把所有钱都放在银行的定期储蓄账户里。只有极少数的女性会无止境地追求金钱而不能自拔，大部分赚到 1 000 万元或以上便会自动停手。

除非个别巾帼英雄，她们的个性阴柔中又带点阳刚之气，愿意冒险参与“金钱游戏”。否则，一般女性皆难以大发达。

我太太就是一例。她是世界上最不贪心的人。1980 年当我老曹赚到第一个 100 万元时，她已经劝我退休。如果我老曹不贪心，一早安贫乐道，现在便可能须申请政府的社会援助金来过活了。

如两性之间能取其优、去其劣，以女性的心思缜密补充男士的大纹大路、野心进取，反过来又正好填补女士过分小心的一面，他们所制定的投资策略必定是既进取又稳健，攻中有守，守中带攻。

譬如说，我老曹个人的投资方向感甚强，但现实生活中却是路痴，经常认错路、辨别不清东南西北！我太太虽对投资一窍不通，但对通胀却极其敏感。

2008 年中，香港特区政府公布的通胀率，官方数字为 6.1%，但太太说家中一向惯食的白米，2007 年每包只卖 60 港元左右，2008 年卖 97 港元，加价逾 50%。女儿则说，2007 年 500 港元已可入满汽车的油箱，但 2008 年却 1 000 港元也入不满，通胀率可能高达 100%。

我老曹跟太太及女儿解释，食物和汽油并不属于“核心通胀率”的计算项目。太太反问：谁家不吃饭？女儿再问：谁人不开车？细想之下，我觉得颇有道理，便在《论势》中分享了我对“超级市场通胀”的看法。

股市犹如美女

运用自己性别的优势、了解另一性别的特征还有助事业和投资成功。

例如一般最出色的财经记者都是女性，因为男性有“对美女不设防”的坏习惯，经常不自觉地透露不应该透露的数据，所以女记者的消息特别灵通。我老曹并非劝各位女士胡乱“大放生电”，但若能善用自己的女性魅力，确实有利于交朋结友和事业发展。

了解女性的男性，通常比较能够掌握股市周期。须知道四方佳丽燕瘦环肥，表面无大分别，其实性格多样、个个都与众不同。例如很多人说湘女多情、川妹子辣、东北美女在高傲中又带点神秘感……这些均令男性为之着迷。美女们的一颦一笑，一众男士们往往猜不透个中意思，但也够他们乐透半天或愁眉不展了。

同样道理，股市周期的潮起潮落，表面上一模一样，但实际上每次都各不相同。我们要是相信“男性来自火星，女性来自水星”，两性永远都不能理解对方的话，那么，我们也可以说“股市来自水星，股评人则活于火星”。由于双方轨道不同，因此多数股评人谈论股市方向时，永远都说得头头是道，但在股市里执行却弄得一塌糊涂。

能看透两性关系者，更会明白何谓“选股犹如选妻选婿”的道理。娶妻求淑女，选择妻子时，贤良淑德较漂亮性感重要；只有无知少女才会在街上结识男朋友，当晚便私定终身。当然，数十岁还在街上认识女孩的男人，亦肯定是“冷藏冰鸡”（食之无味，弃之可惜）！

投资股票亦然，没有往绩的新上市股份只宜玩玩；只有上市超过一段日子，董事局作风正派，及经历过经济起伏的股份，才值得认真对待，重注下手！

真正平等 各师己之长

现代人经常误解男女平等的意义，以为男女双方承担相同责任就是平等，而非男女各做自己所擅长的事。

世界上有 50% 的事务由男方去做最好，50% 的事务由女方去做最妙。将分工变成共同承担，乃大错特错之举。

社会上男女的分工，最好是女性只管小事，例如家庭开支、子女就学选校、度假计划等；男性则关注国家大事，例如国家经济政策、国际势力平衡、奥巴马对中东的外交政策、欧洲的金融危机等。这样的分工最好，男性除了高谈阔论之外，余事最好都交予太太决定，其他尽量少理，则天下太平。

家里的男女分工，则应父严母慈。母亲是良好的社工，负责发展家庭网络及家族文化，协助整个家庭维系在一起，包括协助亲朋戚友的子女找学校、找工作等。父亲则负责执法者地位，兼管财政，令整个家庭过得更舒适安逸，甚至走上富裕之路。

可惜，今天男女的关系已非如此。香港很多家庭都是“公一份、婆一份”，家务由菲律宾佣工负责，放假便外出吃饭，其他事务从买车买楼到教导子女，都是男女共管。因此很容易便意见相左，出现争拗，弄至夫妻不和。

另外，大部分妇女现在也不愿担当家庭维系者的责任，叔伯兄弟鲜有聚在一起吃顿饭。家庭观念在现代社会日渐淡化。万一家庭成员中有人出事，大家便束手无策。

至于父不严、母不慈，则令家庭内失去权威人物，子女有了心事也无处倾诉。结果误认在外边结识的朋友为知己，因而误入歧途者不少。

其实，所谓男女平等，主要是互相尊重，但分工仍存在。正如一家企业内，每个员工都担任不同的职位、负责不同的工作，整个企业才能正常地运行。现代人除了要明白男女平等之外，亦应该知道男女有别。成功的分工，才能达致家庭和谐！

漫漫人生路，如男女双方能互相体贴、互相尊重，路途上又怎会寂寞？今天男女之间的关系，男性应协助太太做家务，女性亦应在财政上提供协助。夫妻间有商有量，才是快乐家庭，方为结婚的真正意义。

第六章

知性致胜

我老曹写了三本书跟读者分享“势”“战”“性”。这些理念跟中国传统的太极学说其实同出一辙。所谓“势”，就是阴阳盛极必衰的道理；所谓“战”，就是顺势而行的方法；而所谓“性”，就是回归人性本源，学习如何面对大势变化的心法。

一个人的处境，很多时候都在乎自己的主观看法，灵活、乐观的人在黑暗中，仍能找到光明。追求财富的终极目的，就是追求快乐；而学会欣赏人生中的颠簸、分享自己的所有，就是构成快乐人生的一部分。

新解守株待兔

许多读者对我老曹错于 1974 年投资和记企业（已除牌），在 6 个月内将 50 万港元输剩 10 万港元一事，已经耳熟能详（见《论势》前言）。其实本人早在 1971 年已有一次投资失败的惨痛经验，那次亦是栽在和记手中。

话说当年我以 23 岁之龄当上投资经理，年少气盛、意气风发，便拿着赚回来的 18 万港元现金，再向证券行借取 20 多万港元贷款，以每股 38 港元的价钱买入 10 000 股和记。1971 年 7 月中国宣布加入联合国，本人认为是大好消息，岂料其他人不认同，令恒生指数在 3 个月内由 406 点跌至 278 点，跌幅逾 31%。和记股价亦应声下挫，由 38 港元跌至 22 港元。至今我仍大惑不解：中国政府取代国民党政府加入联合国，为什么对有些人来说是坏消息？

由于股份跌幅过大，证券行便自动将我斩仓。扣除贷款本金、利息、经纪佣金及买卖印花税等支出后，最后我只取回 18 000 港元，即足足蚀了 16 万多港元。

你猜本人那时候有什么反应？我老曹并没有自怨自艾，亦没有悲痛欲绝，而是二话不说地于奢华的浅水湾旧酒店（不是现在的那一间，之前那间已拆掉，后重建为豪宅）订座，宴请所有亲戚朋友豪吃豪喝，一夜花掉 8 000 港元（当年一所 50 平方米的住宅单位只卖6万港元左右)。

酒店经理问我庆祝什么，我说庆祝自己第一次投机失败！酒店经理当场没说什么，但我隐约听到他跟邻近的伙计说："这个人是疯子，不要招惹他。"

"庆祝大会"落幕后，我老曹身家只余万余港元，但我并没有因此而气馁，反而有诗人李白"千金散尽还复来"的豪气，决定从头再来，并立誓以后不再借钱炒股。结果在15个月内，我便成功赚回50万港元。

人在机会在

西方人说："Once bitten, twice shy."中国人亦有类似的说法："一朝被蛇咬，十年怕井绳。"

坦白说，1974年我老曹再次在和记身上输钱以后，自己真有点怕，因为那年已成家立室，有妻有女。今天本人自认较别人幸运，失败于30岁以前，拥有大把青春可以绝地反击，但两次惨痛的教训，已影响了我于整个70年代的投资心理。直至1984年，

"庆祝大会"落幕后，我老曹身家只余万余港元，但我并没有因此而气馁，反而有诗人李白"千金散尽还复来"的豪气，决定从头再来，并立誓以后不再借钱炒股。

本人才完全恢复投资信心，并发誓不容许自己有生之年再有第三次大亏本出现。

我老曹胜在爱惜生命，就算 1974 年输光输净，也从没想过了结自己的生命。因为死亡是一切的终结，一旦寻死，全世界便都知道自己一败涂地，再无翻身机会。债主们千祈万求，也应该希望债务人长命百岁，要不然他们如何还债？

一帆风顺的人通常不会去算命看相，但在失意落难、自觉穷途末路的时候，我倒不反对大家跑去和命理大师聊聊天。他们是全世界最好的心理治疗师。也许阁下根本不信命运一说，但只要博得大师的几句安慰和鼓励："过了今年，明年便会转运变好。""放心好了，你有晚运。"便已值回票价。

许多年轻人慨叹今天机会稀少，且看看沃尔玛（WMT.NYSE）前主席沃尔顿（Sam Walton）是如何将美国消费者由市区引向郊区，建立起自己的零售王国的。1980 年，投资者只要押注 10 000 美元在沃尔玛的股份上，2010 年其市值便已高达 350 万美元，即平均每年上升 22%。同样道理，1980 年投资 10 000 美元在耐克（NKE.NYSE）的股份上，今天市值已达 100 万美元；苹果（AAPL.NASDAQ）推出 iPhone 手机后，该股股价在五年内上升了 435%；还有星巴克（SBUX.NASDAQ）、联邦快递（FDX.NTSE）、谷歌（GOOG.NASDAQ）……连美国如此成熟的经济体系，也是发达机会处处，我们又怎能认为自己的未来没有机会？

机会是要靠自己寻找的，我们只要找出一种新的处世方法、一种新的生活态度，便很可能发展出中国的沃尔玛。顾客永远是上帝，问题是企业能否好好地服务他们。投资是买未来而不是买过去。今天的投资策略，应是买入此类高增长股份，然后看着它们日渐长大。万一事与愿违，即止损离场！

高学历 自建框框

自古名将出战场，没有人能靠纸上谈兵而成为一代英雄猛将。

金融市场从来不理会阁下到底是博士毕业还是摆路边摊的，投资成绩只关乎看对或看错、赚钱或亏本，我们需要的是实践经验、智慧和勇气，而不是学历文凭。读书对投资虽有些帮助，但不是最重要的因素。环顾社会上大部分成功人士，有哪位是饱读诗书的？分析个中理由，或许是因为书念得愈多的人，理论必然愈多，胆子却愈来愈小。

个人一直认为年青人做事不妨大胆一点，没有在投资战场上经历过枪林弹雨，又怎能训练出眼光和身手？只要不借钱，就算跌倒也可再爬起来！在此祝大家于 30 岁之前惨烈地输光一次，然后重新再来。

如果阁下已相当富有，当然不妨供子女念博士。他们日后一定可以助你守住已建立起来的事业。如阁下身家有限、家境一般，则不要让子女成为博士，大学毕业已是极限。须知道，巴菲特亦非博士，盖茨更是大学未毕业……饱学之士“框框太多、本本太多”，他们太甘于安分守己，甘愿当个中产阶级，成为大学教授、医生、建筑师、银行家或高级行政人员，但一定不会成为大商家、大投资者或大炒家，因为他们已没有上战场拼死的勇气。

读书不成的人，往往可凭勇气、执著、坚持与决心，去获取成功。我老曹才中学毕业，1968 年秋季因同学叔叔开设的证券行需要一个“懂英文”的人帮手，而被引荐入行。自己第一次接触股票行业，已经深深为之倾倒，至今逾 40 年不变。若论当年的知名分析员，我老曹未沾得上边，但今天这班高学历的人在哪里？

人与人之间其实99%是一样的，唯一的区别就是性格。在追求理想时，我们是否拥有那份执著与坚持？我老曹待在金融市场数十年不撤不走，坚持追逐自己的创富梦想，算不算一个守株待兔者？

任何时刻都有发达机会，问题是我们要在正确时刻和正确地点，做正确的事。由1967年至今，黄金价格由35美元升至1 250美元；香港楼价由每平方米不足1 000港元升至每平方米20万港元；恒生指数由1970年的100点升至2007年10月的32 000点；油价由1999年的每桶10美元升至2008年8月高见147美元；东莞地皮由1995年每亩3万元升到2010年初的300万元；2007年10月亦有人透过抛空美国金融股，在一年内大赚数十亿美元……把握这些致富机会，又何需高学历？

守得云开见月明

中国古有“守株待兔”的成语故事，把待在树下等兔子出现的农夫说成是蠢人。而现代人欠缺的就是“守株待兔”的精神，不会为自己的梦想守下去，所以鲜有大成大就。如果自己分析正确，何妨择善而固执？

世上没有童话故事中的小仙女，能把神仙棒一挥便让人梦想成真。回首当年我老曹输剩10 000港元之时，也没放弃过发达的念头，仍对当年的女朋友（今天的曹太）说：“我早晚发达。”岂料她回敬我一句:“发你个头！小心没钱吃饭好了！”

人与人之间其实 99% 是一样的，唯一的区别就是性格。在追求理想时，我们是否拥有那份执著与坚持？我老曹待在金融市场数十年不撤不走，坚持追逐自己的创富梦想，算不算一个守株待兔者？

守株，不是随便见树就守，至少要守在兔子窟旁的大树。如果投资者于 2000 年开始守着美国股市，如今 10 年过去了，回报率仍是负数。待兔，也不是无所事事，坐着干等。我们可以在等待中国经济腾飞的同时，制定投资策略，练习投资技巧，学习辨认优质股份，训练自己遵守投资纪律……

这种“守株待兔”精神，不是维持一天、一个月甚至一年，而是一生一世。只要我们不断追求，终有一天在人生中的某年、某月、某日，等到自己心目中的兔子，让梦想成真。年轻人你有什么理想或梦想？你又有没有这份“守株待兔”的精神？

海啸之后增强免疫力

我们在第四章说过，美国贸易赤字之所以年年扩大，是因为美国人有先花未来钱的习惯；中国外贸年年都有盈余，则是因为中国人有积谷防饥的心态。此乃民族性使然，跟该国经济盛衰关系不大，更与币值高低无关。

1967 年至 1987 年我老曹的薪金加减可影响我的个人消费；但 1987 年以后，公司是否加薪给我，对本人消费已无影响。因为其时我在股票市场投资所赚的或亏的钱，早已超过一年薪金收入。1997 年后股市升降亦不能影响我的消费意欲。因为我的股票投资只占资产总值的 30%，其余已分散到房地产、外汇、债券及黄金等方面。

我相信国家亦一样。一个国家在经济发展初期，外贸盈亏的确可影响经济盛衰。然后，主要影响因素逐渐变为股市及房地产市况，最后是热钱流向。由于美元取代黄金成为环球各国储备，当美元泛滥时，全球不得不跟从；当美国经济出现萎缩，更会引发全球金融海啸。

今天对国民生产总值影响最大的是消费，消费占美国 GDP 的 70%，香港更高达 90%。一旦消费下降，经济衰退便来临。2009 年 3 月起，美国政府刻意推低美元汇价，希望借以“重新平衡世界经济”，即希望能够增加美国货出口、减少本土消费，并希望增加中国人的消费、减少中国货的出口。然而，2010 年 2 月中国出口数额竟较 2009 年同期大升 45.7%，美国财政赤字则高达 2 209 亿美元，为历史上的新高。由此观之，世界经济不但没有重新平衡，反而进一步走向极端，因为美国政府执行的量化货币宽松政策，促使美国人自 2009 年下半年开始又再增加消费。

展望美国未来，经济既没有高增长，亦丧失了活力。反之，沪深 A 股由 2008 年 11 月 4 日的 1 606 点，用了不到一年的时间，便在 2009 年 8 月 4 日升至 3 803 点，升幅达 136.8%，是全球少数能重返 2008 年 9 月金融海啸前水平的股市之一。

2009 年为对付金融海啸，美国政府大量增加货币供应。中国政府为保持 GDP 增长 8% 亦大量供应人民币，以稳定人民币兑美元的汇价。不过，这个游戏不会一直玩下去。2009 年 8 月起中国政府逐步收紧银根，2010 年 4 月起美国政府亦开始退市。

任何事物都有周期。由花朵到动物，从树木到人类，从个别组织到国家，都逃不出兴衰交替，区别只在于时间早晚长短。例如通用汽车由 1900 年兴起到 2008 年破产；美国由 1900 年起逐渐取代英国的国际龙头地位；2000 年起中国亦开始威胁到美国……

老兵何以不死？因为他们经历得多，明白趋势乃由意见所汇成，情况有如磁场，投资者总在不知不觉间被引导从一个极端走向另一个极端。股市在大部分日子皆为牛市，熊市仅占三分之一。唯熊市非常残忍，投资者于牛市所赚的钱，往往三分之二都要赔进去。

大多数散户的性格却是“明知山有虎，偏向虎山行”，只可惜他们不是“打虎英雄”武松。上天不会因为可怜阁下愚昧无知而免去对你的惩罚。结果阁下一如众多山上的白骨，难免成为股市大鳄的点心。如对时局没有分析能力，胡乱听信专家之言，再加上没有雄厚的财力，你有何德何能可战胜股市大鳄？

拐点赚拐钱

金融海啸出现不单预示了国力更迭，更证明了大部分人所能承受风险的能力都比事前或自身估计的弱。

股票市场是最严格的老师，总是强迫我们去思考、去面对，考验我们的能力，并且不断攻击我们性格上的弱点。

股票市场最简单的分析，就是分析大气候（即分牛熊市）。百年以来，认为牛熊市分析“老土”的人不知凡几，但股市最后的赢家往往就是这些“土包子”。以 2007 年 10 月以前为例，有多少人沉迷于低通胀期所带来的繁荣？他们不事生产、挥霍无度，几万元一瓶的红酒拿来当日常饮料喝，20 万元吃一顿年夜饭，以为钱是从天上掉下来的。那时候人人皆自诩为“股神”，有人苦心给予一点忠告，换回来的却是“土包子”的称号。

老兵何以不死？因为他们经历得多，明白趋势乃由意见所汇成，情况有如磁场，投资者总在不知不觉间被引导从一个极端走向另一个极端。股市在大部分日子皆为牛市，熊市仅占三分之一。唯熊市非常残忍，投资者于牛市所赚的钱，往往三分之二都要赔进去。

中国的股民说得好，他们称股市的转折点为“拐点”，即投资者的钱是给“拐子婆”拐去了。

对牛熊市的研究，我老曹花上超过40年的时间，敢说在这方面别具心得。大家都知道牛熊市各有三期，可惜市场中谈论的人多，真正掌握的人却少。

刚过去的牛市由2003年4月开始，初期走势十分正常；直至2007年8月股市才开始疯狂。牛市愈近尾声，市场表现往往不寻常。现在回想一下，上证指数由2003年4月约1 500点升至2007年2月初见3 000点，花了四年时间才上升一倍；但由3 000点升至6 000点，却仅花上8个月时间，怎么看也是牛市第三期之相。我们都应该知道，当进入牛市第三期，距离熊市第一期也不远了。

升势总有尽头

你以为投资分析员皆能冷静地分析数据吗？2007年10月股市大幅回落时，投资者才猛然发现大部分所谓的“大行分析员”原来跟你我无甚分别，他们一样会在跌市中流血流泪，甚至丢掉工作。经此一役，大家应该明白“信人不如信己”的重要性。

2008年初确认踏入熊市之后，香港还有不少分析员大力推介汇丰控股。2008年下半年甚至担心油价可见200元，我在旁只能大呼：“我看不下去了！”

我老曹敢说，本人对汇控的了解程度犹胜过其现任集团主席。2003年汇控收购美国财务机构Household肯定是个错误的决定。2007年美国次贷危机影响了750万个美国家庭，继而引发祸及全球的金融海啸，风波怎可能一下子就平息？2008年仍推介汇控的分析员，不是存心害人，就是自己没有做功课。

那时候我虽非全面看淡资源股份，但想想油价在炒家的推波助澜之下升幅已超过合理地步，还能无止境地向上吗?

油价上升的基本原因，的确在于供求失衡。根据我的经验，只要需求高于供应 10%，价格的变化可达 100% ～ 500%；若供应高于需求 10%，则价格跌幅可达 50% ～ 90%。

如果十个和尚有十碗粥，大家无须争夺，各人都可以敲经念佛后再慢慢享用。一旦十个和尚面前只有九碗粥，则分分钟可引致谋杀事件出现，甚至集体斗殴。由此可见，小小的失衡所产生的威力甚大。

事实上，油价由 1999 年每桶 15 美元飙升至 2008 年的 145 美元，需求较供应其实仅高出 2%。初期全球没有 2% 的人愿意放弃用油，于是他们愿意付出每桶 20 美元、40 美元、80 美元，甚至出价 145 美元来购买。其后高价令不少人开始向现实低头，放弃耗油量高的多用途 SUV 越野车，转买丰田卡罗拉、马自达等省油车款。一旦习惯形成，就算油价回跌后，要他们再转回开耗油量高的汽车也不容易。

我在 2008 年 8 月曾戏言，若油价一直高企于 145 美元，那么十年之内全球财富将全归石油输出国组织（OPEC）所有。你相信此事会成真吗?

果然，2008 年 12 月 19 日油价便已急跌至每桶 32.4 美元，2009 年 4 月开始回升，亦不过升回 2010 年 80 美元左右。高油价日子也不复存在。

严守止损 永不破产

世人皆喜花言巧语，但长远而言，最后受尊重的仍是直言。

投资者往往得到他们应得的报酬或惩罚，而非他们的梦想。阁下今天的财政状况，是阁下过去 5 年对自己无力控制的市场所做出反应的结果。有人控制了自己的贪念，今天财政仍健全；有人被别人的花言巧语所骗，做出不自量力的投资（其实是投机行为），今天手里只余一叠废纸。

长线投资到底是否划算？凯恩斯说过：长远而言，我们总会一命呜呼。但短期而言，尤其对投资者来说，个人的成败很大程度上由良好的品格决定。例如严守止损者永远不会破产，欠缺纪律者则神仙难救。

事前预防容易，事后补救困难。大多数散户的性格却是“明知山有虎，偏向虎山行”，只可惜他们不是“打虎英雄”武松。上天不会因为可怜阁下愚昧无知而免去对你的惩罚。结果阁下一如众多山上的白骨，难免成为股市大鳄的点心。如对时局没有分析能力，胡乱听信专家之言，再加上没有雄厚的财力，你有何德何能可战胜股市大鳄？

长线投资到底是否划算？凯恩斯说过：长远而言，我们总会一命呜呼。但短期而言，尤其对投资者来说，个人的成败很大程度上由良好的品格决定。例如严守止损者永远不会破产，欠缺纪律者则神仙难救。

金融海啸使各国股票市场相继崩溃，投资者应从中吸取三大教训：第一，股市急泻之狠劲，可将胆小的“傻瓜”永远逐出投资市场。这帮人自此以后，皆无力影响日后大势。第二，只要股价下跌15%或20%，肯定跌势已成，便不要再问东问西，只管止损好了。第三，在大熊市中死守，无异于武侠小说里自废武功。因为阁下的100万元身家，随时可蒸发至只剩5万元或10万元。

永远记住，在牛市之中，股票市场的游戏规则是增值者胜；但在熊市之中，游戏规则却变成保本者胜。在熊市中欲作中长线投资，更是毁灭个人财富的最佳方法。如果连如此显浅的道理都不明白便懵然入市，你又可以怪谁？

取之于人
予之于人

看罢我老曹的拙作《论势》，阁下应已懂得认清市场大趋势，及利用走势分析订下理性的策略。决定何时、何处、投资什么，攻守有据，不凭一时勇气与直觉来妄下决定。

再看《论战》，理论上阁下亦已学晓如何打一场战争，在形势有利时乘胜追击，在三胜之后则冷静离场，不会追求长胜。百尺竿头，不能更进一步。因为已经到顶，再行多一步，就是走向灭亡。

买股票亦如此，第一次赚钱很高兴，第二次更高兴，等到三胜已经赢昏了头脑，便应该收手。假如投资 100 万元，赢一次变成 200 万元，赢两次变成 400 万元，赢三次已经变成 800 万元，还舍不得收手？相反，一旦投资损失逾 15% 便要止损，永远“加涨不加跌”。

本书取名《论性》，首先是性格的“性”，然后是两性的“性”，第三个自然是胜败的“胜”。我老曹论性，主要就是要说 character（性格）。说句实话，投资的成功与失败，最终还是在于阁下是否拥有成功投资者的性格。

孙子曰：“知己知彼，百战不殆。”你了解自己吗？你了解自己所投资的项目吗？知己不知彼，不了解市场但了解自己者，十战尚可有五胜。如果连自己都不了解自己的性格便轻言入市，就如“盲头乌蝇”般一味靠撞，充其量十战只有一胜，唯有冀望幸运之神与

“利”字旁边一把“刀”，这把“刀”用作割“禾”之用。在赚钱过程之中，我们的财富是从另一个输钱的人手中掠夺而来的，少不了使其他人付出代价，甚至伤及无辜。今天我老曹时常怀有赎罪心态，每一次赚到钱后都把10%抽出来交还社会，亦主张大家发达后多做善事。因为眼见人间悲惨，才学会收敛，然后知所防范。

你常在！

中国人常谓“江山易改，本性难移”，又谓“落地喊三声，好丑命生成”。性格是非常难改的，但许多研究指出，经济的潮起潮落，对一个人的性格影响甚巨，甚至可以改变其性格。例如在1982年至1997年享受过丰硕果实的香港投资者，性格会比较乐观、进取及懂得享受人生；1997年以后才开始投资股票及物业者，则保守节俭、危机感较重，不相信任何人。

身家一亿最自卑

每个人的生命中都可能藏有一段悲伤的前尘往事，但股票市场从不接受悲欢这一套。投资者请正面思考，压抑自己的负面性格和思维，以正面的姿态示人。

有些人凡事向负面看，例如中央政府推动“家电下乡”“放心药下乡”，他们慨叹自己没份儿；国家或私人企业的高薪空缺，他们又看得眼红；一场金融海啸，他们更看成世界末日。如你戴着灰色眼镜看世界，整个世界永远都是灰色，何年何月何日都不会有前途；如你戴着粉红色眼镜看世界，世界时刻看来都美丽。但现实世界既非灰色亦非粉红色。如你经常认为自己没有机会，又怎会找到机会?

谋事在人，成事在天。所谓“三分努力，七分天意”，虽然事情成败 70% 由上天主宰，但还有 30% 是可以自己控制的。一个人如不努力，他肯定不会成功；肯努力者，则有 30% 的机会成功。在“肯定不会成功”和“或许会成功”之间如何取舍？是故我们要学习如何审时度势、与时俱进、自我增值。

一个人是否富有，亦视乎阁下的主观意愿。1973 年我老曹与现已故的香港女首富龚如心曾来往频繁（因为当年华懋集团支持牛奶公司对抗置地公司收购），常听她哭穷。当时我以为她说笑，今天才明白“100 万元最有钱，1 000 万元最风光，2 000 万元开始感觉自己贫穷，拥有 1 亿元的人最自卑”的道理。

以 1973 年香港的生活水平来说，如你拥有 100 万元，日常生活已无忧，吃的穿的什么都不缺，还不是感觉自己最富有么？到阁下赚到 1 000 万元的时候，可以负担得起买钻饰、名表、名车，更可在友侪间炫耀一番，自然感觉最风光。

不过，当你赚到 2 000 万元的时候，便可能进而想拥有价值亿元的豪宅、新款的游艇，但身家数千万元实在什么也不够买，感觉上穷得要命。到你真正跻身上流社会之后，更会发觉在一众千亿富豪面前，身家刚过亿的你，根本连头也抬不起来，自信心直跌谷底。

1973 年的时候，龚如心的身家约 40 亿港元，相对于她脑海中想收购牛奶公司的计划等，又真的不大够用。龚如心一生俭朴，可能是因为她真的觉得自己很穷。

英雄惯见亦平常

人的思想行为由许多部分组成。例如智慧、艺术、运动、创作、科学分析、诗人感觉、懒惰、无用、堕落、贪心、恐惧、无助感……有时我们可以是智能型，但更多时候我们会受贪念与恐惧所支配，变得无知及无助；有时面对美景当前可以诗兴大发，面对醇酒美人也可以十分堕落；无论哪一种都只是我们性格的一部分而非全部。

当人在江湖，我们难免看不清大趋势。我老曹于 1967 年刚出来社会做事之时，有前辈曾对我说："香港遍地都是土制炸弹，哪有前途？"然后他移民加拿大去了。到 1997 年重逢，我们相约茶聚，前辈见面劈头第一句便说："你真好，留在香港，肯定发财了！我可惨了，在加拿大（艰难大）。"原来最黑暗的时刻，同样可以是最光明的时刻！

又譬如说，1978 年中国逐步开放，坐困愁城者会说中国人的守法精神不及西方，金融市场太多蛇虫鼠蚁，如何大展拳脚？灵活变通者则会看到，内地现今情形有如 20 世纪 70 年代或 80 年代的香港，机会处处，大可闯出血路。我老曹当然赞同后者的看法。13 亿人口市场的赚钱机会，怎会不及香港？如认为没有机会者，不如承认自己没有眼光更好。

当趋势转变时，一般投资者往往不懂面对，更没有实时行动。就算我老曹在金融市场摸爬滚打逾 40 年，有时亦未能参透世情，甚至遁入空门仍然戒不了"贪、嗔、痴"。

当 2009 年内地人视本人为"股神"之时，本人一再强调自己不是先知，一再提醒自己不要因为别人赞美而头脑发热。我太太亦经常质疑我又肥又笨拙，为何会受万千读者所爱戴？我亦只能叹句：英雄惯见亦常人。本人既不是股神、先知，亦不是又肥又拙的大笨蛋，只是一个普通人，同你我没分别，只是浮沉股市 40 载，在投资方面知道多一点点而已。

笔耕数十年，我老曹的愿望已不再局限于教读者如何赚钱，改为希望启发阁下的想象力，满足你对经济的好奇，令你有一个平静的心境、敏感的触觉以及广阔的视野，为投资做好准备。透过沟通，我们可增加自己的见识、增加自己分析事物的智慧，可感到人间有情，加上强健的体魄，令生活变得更加有意义，不惧人生漫漫长路。

做人的责任，便是要多点观察、多点开心、多点发现，尽量克制性格上的弱点，让优点时刻显示出来。只有正面思考，对生命及未来永远保持乐观，你才能真正享受人生。

我老曹与读者的关系，就如在人生路上觅得一知己，在彼此偷懒之时，互相提点一下；当对方堕落之时，由我责骂一下；在自己感到无助之时，让别人扶你一把。大家对生命无憾已足矣。

不过，当你赚到 2000 万元的时候，便可能进而想拥有价值亿元的豪宅、新款的游艇，但身家数千万元实在什么也不够买，感觉上穷得要命。到你真正跻身上流社会之后，更会发觉在一众千亿富豪面前，身家刚过亿的你，根本连头也抬不起来，自信心直跌谷底。

追求财富的真正目的是追求快乐。拥有健康的身体、可爱的伴侣、乖巧的子女，爱你的邻居，宽恕所有得罪你的人，甚至欣赏人生中的苦难以及过程中的颠簸，便可构成快乐人生。

快乐源自分享

2008 年财富出现大转移（并非消失）。美国经济进入回落期，财富由冒险家手中转向持盈保泰的投资者手中。2009 年起应该轮到东方势力兴起，因为乾坤大挪移已开始转动。

坦白说，投资哪里是创富？真正创富的人是那些投身珠三角制造业的工人和厂家。投资市场只是将财富转移的游戏场，财富往往由精明的人手中转到有智慧的人手中。

“利”字旁边一把“刀”，这把“刀”用作割“禾”之用。在赚钱过程之中，我们的财富是从另一个输钱的人手中掠夺而来的，少不了使其他人付出代价，甚至伤及无辜。今天我老曹时常怀有赎罪心态，每一次赚到钱后都把 10% 抽出来交还社会，亦主张大家发达后多做善事。因为眼见人间悲惨，才学会收敛，然后知所防范。

追求财富的真正目的是追求快乐。拥有健康的身体、可爱的伴侣、乖巧的子女，爱你的邻居，宽恕所有得罪你的人，甚至欣赏人生中的苦难以及过程中的颠簸，便可构成快乐人生。

我们为生存而努力，但生命的意义不在于你得到多少，而是你可以给予别人多少。在整个过程中，你是否活得精彩？我们可以富有而不快乐，亦可以仅够糊口而热爱生命。

真正的快乐来自与别人分享自己的成果，独乐不如众乐。2008年我老曹已将2007年投资所获利润的10%，捐赠给汶川地震的灾民及北京农家女学校。2009年连朋友请我吃饭，我都希望他们先捐出一些钱才肯应约，拉着他们一起做慈善。未来20年，我打算把自己全部财产的三分之一用于慈善事业，其中以教育为主。能够有余力帮助别人，真的是一份福气。

中国人主张做善事不宣扬。我个人认为，如果是帮助朋友，为顾全朋友的面子，不应该说出去；但如果是捐助慈善机构，则一定要大加宣扬，以吸引更多人加入。我自从出书后，不仅将收到的版税全部用来资助农家女孩，我的朋友和读者的捐款近年也大幅上升，2009年在向农家女学校捐出的160万元总额中，超过一半是来自朋友和读者的捐款。我为此非常感谢各位！如阁下看完这本书，有所体会并因此获利的话，希望您能加入捐款行列，不一定是捐给农家女。只要有一颗爱心，任何机构、任何形式都可以。

愿我的读者在捐钱之余勿忘慈悲之心，记得冰心女士的话：“有了爱，就有了一切”，只要人间有爱，我们就不怕地震和雪灾了。

立地成佛 达致“忘我”

喜欢挑剔别人眼中的一根小刺，而不见自己眼中的梁木，乃人类的劣根性。这点我老曹完全明白。是故我老曹再三强调，在投资市场上，最大的敌人不是别人，而是自己性格上的弱点。

当别人批评自己之时，有则改之，无则加勉。本人常以微笑迎接别人的批评，反之当别人赞扬我时，则多些警觉。想想别人为什么要赞扬自己，是否有什么目的在后面？

没有一个成功人物未尝过挫折，问题是我们如何处理失败。如果变成斗败公鸡，终日垂头丧气，那么你的一生便从此“玩完”；如果视之为新挑战，学习新方法，愿意重新再尝试，你则有可能成为另一位亨利·福特。

福特在 19 世纪末发现改进汽车制造的方法，但当年碍于生产成本高昂，他第一次创业成立的底特律车厂很快便宣告破产。经过多年努力，福特成立了第二间汽车公司，没想到成绩更差，又以破产收场。如果是普通人，恐怕早已认命，但福特于 1903 年再次押下自己的名声，成立福特车厂。1913 年，他发明汽车生产线，采用流水作业方式，以别人四分之一的价钱生产经改良的汽车 T-Model，终成汽车大王。

失败乃追求完美的必经阶段。我老曹在此再给大家讲一个“蜘蛛与国王”的故事。话说从前有一个国王，因为打败仗而躲进山洞里。在洞内他看见一只蜘蛛织网，突然一阵风把网吹破了，但蜘蛛并没有放弃，继续默默织网，不久又被风吹散了。蜘蛛仍努力不懈地一直织，直到黎明时分，终于把网织好了。

国王思忖道：“蜘蛛可以织 12 次网才成功，而我不过打输了一场仗罢了。”于是国王决定重新振作，召回自己的士兵，命令他们擦亮自己的盾牌。敌方以为自己胜券在握，当天晚上早已沉醉于庆功宴中，个个喝得醉醺醺。第二天早上当国王的军队冲过来，排起阵势对着太阳，利用盾牌反射阳光，敌军便什么也看不见，全都掉进悬崖死掉了。

这个故事可能是虚构的，但道理却是真的。怕失败的人永远成功无望，注定平庸一生，因为失败乃成功之母。没有母亲又何来儿子？如果我们因为不喜欢失败，而渐渐变成无法面对挫折，最后为了避免失败，甚至连经过缜密思考后的决定，亦不敢去尝试；又或者一旦面对失败，便采取逃避态度而非实时处理，奢望反败为胜，（世事怎会如此顺心顺意？）结果小损失变成大损失，甚至到无可挽救的地步。何来成功？不幸地，社会上 99% 的人皆如此，只有 1% 的人能从失败中学习。

吊诡的是，无论经历过多少次衰退，投资者都不会增强多少免疫能力。旧瓶装新酒，一样可以骗倒全世界，人人都相信这次衰退跟以往的那次不一样。那些在 1997 年第三季度受地产市道衰退打击的投资者，在 2000 年第一季度科网股爆破时一样受伤，然后到 2008 年金融海啸的时候，再次受挫。

缺乏衰退免疫力

我们必须明白投资失败带来的只是金钱上的损失，不用赔上生命。输光了又如何？只要我们事后检讨，然后想办法不再重蹈覆辙便可。所谓“经一事长一智”，未来的抉择来自过去的经验，“智”代表日积月累的识见，包括以往的错失；“慧”即心扉顿开也。跌倒后能再站起来的，方为真英雄。

要获得巨大的财富，投资者必须身体力行，眼观六路、耳听八方，找出别人忽视的角度，达致众人皆醉我独醒的境界，而非听信什么专家或那些足不出户、天马行空撰写分析文章的分析员。

经济为何会出现衰退？因为世事循环，有白天便有黑夜。天下并无免费午餐，任何教训都须支付学费，金融市场的学费最为昂贵。只有经过衰退洗礼的人，才会懂得应付危机，使性格变得高贵：令生性虚浮的人变得踏实，让乱花钱的人学晓节约，使贪婪的人受到惩罚，令谦厚的人获得荣耀。当大部分投资者学晓谦卑，愿意重新划定资源分配的时候，衰退便差不多接近尾声了。

吊诡的是，无论经历过多少次衰退，投资者都不会增强多少免疫能力。旧瓶装新酒，一样可以骗倒全世界，人人都相信这次衰退跟以往的那次不一样。那些在 1997 年第三季度受地产市道衰退打击的投资者，在 2000 年第一季度科网股爆破时一样受伤，然后到 2008 年金融海啸的时候，再次受挫。

死守错误方案而不修正，并非求财之道。如果你在公元 429 年以黄金于今天的罗马置业（当年罗马帝国进入全盛期），守足 1 000 年仍未归本；理由是公元 4 世纪开始，欧洲社会进入黑暗时期。我老曹的祖父，在第二次世界大战后由香港返回上海发展，留下我父亲在香港，其后家族所付出的代价，沉重得不堪回首。1978 年中国重新上路，可惜我祖父与父亲都已过世。本人再次踏足上海已是 1997 年。

看错大方向是投资大忌。调查显示，10 个投资者入市，9 个均看错市场前景。我老曹不会扮专家，更不会装作先知，我只是典型的趋势追随者。我们不要过分相信自己的分析眼光，而应该有系统地追随趋势。在趋势形成后才加入，趋势完成后才离开。

亏本不忘喜乐

前文提及亨利·福特，我老曹想起他的名言："如果金钱是唯一令你感觉自豪的项目，实在令人感到悲伤。"

诚然，当中国人收入愈来愈高，自杀的人反而愈来愈多，不少更是年轻人！经济学理论有一条定律说，当一个国家的人均国民生产总值达到 3 000 美元后，快乐与否已跟收入无关。

一味向钱看的人生，哪有意义？今天中国人收入上升的速度还不及婚外情上升的速度快，当收入渐高，家庭关系却日益糟糕。一间酒店的老总曾说："经济发达了，男的浮躁、女的蛮横，若不是跟人吵嘴，就是自己跳楼死！"难怪不少女性不希望丈夫发达。一味向钱看的社会，只会带来贪污腐败。

我们经常说钱财身外物、胜败乃兵家常事，但大部分投资者都有输不起的性格。赚钱开心，当然不用别人教导；但亏本时仍然喜乐，却是一门学问。须知道没有一种投资方法可以保证 100% 赚钱，如果亏本之时仍会开心，自然不会方寸大乱；懂得止损，亦不致令亏损进一步扩大。

有的人愈低愈买、愈买愈低，最后走上破产之途；或者死守亏本的股票而不卖，希望终有出头天，不知道过去就是过去，能够守到出头天者是少数之中的少数（而且不是眼光好，只是运气好）。

虽然我老曹主张有智慧不如趁势，但也相信以人类的智慧，世上没有解决不了的困难，需要的只是时间。请以平常心对待投资市场的瞬息万变，在困难的日子里，不要对自己失去信心；在疯狂的时候，应时刻保持头脑冷静。

太极论势、战、性

我老曹花了两年时间在内地推出《论势》《论战》和《论性》，既为农家女学校筹款，也为把自己多年的投资经验与内地读者分享，希望中国股市在走向成熟的途中，能少走歪路。

其实，这三本书的理念与我国很多传统学说都有异曲同工之妙。本人自 1981 年起开始研究太极理论。古人认为：“太极生两仪，两仪生四象，四象生八卦，八卦生万物。”太极就是“有物之先”，从无中生有，起初一片混沌。太极所生之象，最初就只是阴阳两仪。

我们看看“太极图”，黑为阴、白为阳，由小至大形成双鱼图案。由于白鱼中有黑点、黑鱼中有白点，是故阴盛阳衰、阳盛阴衰，生生不息。个中道理，其实与股市盛衰循环如出一辙，世上没有永远持续的牛市，也没有永不终结的熊市；牛市中永远存在利淡因素，熊市中亦隐藏着利好原因。

明白这个道理，就明白了什么是“势”。

天道不可违。作为凡夫俗子，我们无力扭转阴阳。在牛熊变化过程中，极少人可以在最低价入市，也没有人可以在最高价离场，投资者只能顺势而为。正如太极拳中的“推手”一样，本体统一，阴阳对待，在变化中调整和稳固自己的重心，以图四两拨千斤。

如果逆天逆运，譬如在 2010 年硬要投资中国一线城市的房地产市场，既市况不就，亦背离国策而行，又怎会有好收场?

2003 年当时机初现之时，“势”仍气若游丝，此时宜“潜龙勿用”，守拙藏锋，伺机而动。待至 2005 年“见龙在田”，则不妨成就大事，让“飞龙在天”，自由驰骋。不过，“盈不可久”，故投资者须知进退存亡，以免“亢龙有悔”。这就是我老曹所说的迎“战”致“胜”。

而在天地阴阳之间的，就是人，是为“三才”。圣人曰顺天理，成功的投资者亦应克服人性，以佛性来从容投资。

什么是佛？把“佛”字拆开，就是“人”和“弗”，亦即“非人也”。投资者只要达到忘我的境界，遵守股市的生存法则，撇开作为“人”的情绪误区，方能修成正果，创富立业。这就是“性”。

论性——曹仁超创富智慧书（纪念版）

曹仁超　著

图书在版编目（CIP）数据

论性：曹仁超创富智慧书：纪念版 / 曹仁超著．— 北京：中国人民大学出版社，2017.3

ISBN 978-7-300-23781-7

Ⅰ.①论…　Ⅱ.①曹…　Ⅲ.①投资－经验－中国　Ⅳ.① F832.48

中国版本图书馆 CIP 数据核字（2016）第 312471 号

论性——曹仁超创富智慧书（纪念版）

曹仁超　著

Lunxing

出版发行	中国人民大学出版社		
社　　址	北京中关村大街 31 号	**邮政编码**	100080
电　　话	010–62511242（总编室）		010–62511770（质管部）
	010–82501766（邮购部）		010–62514148（门市部）
	010–62515195（发行公司）		010–62515275（盗版举报）
网　　址	http://www.crup.com.cn		
	http://www.ttrnet.com（人大教研网）		
经　　销	新华书店		
印　　刷	北京华联印刷有限公司		
规　　格	148 mm × 210 mm　32 开本	**版　　次**	2017 年 3 月第 1 版
印　　张	7 插页 2	**印　　次**	2021 年 5 月第 5 次印刷
字　　数	140 000	**定　　价**	58.00 元